U0000168

苦苓的森林祕語

增訂新版

文／苦苓　圖／王姿莉　攝影／黃一峯

你就像天邊初升的朝陽，照亮了我——
一個從大自然裡走出來的寫作者。

新版序一　從大自然裡走出來的寫作者

二〇〇二年，我是一個知名廣播主持人、電視主持人、暢銷作家，每年演講超過一百場，也拍過許多電視廣告，可說是炙手可熱、紅極一時。

但是，我忽然消失得無影無蹤，完全人間蒸發，沒有人知道我去了哪裡。

八年之後，我出版了《苦苓與瓦幸的魔法森林》，社會大眾才知道：原來這八年的時間，我跑去擔任了雪霸國家公園的解說志工。

我為什麼對自己的生命做了這麼重大的轉折呢？理由很簡單，只有四個字——走投無路。因為做錯事，遭到社會上許多人的責罵、恥笑、批判……我感覺到許多人都不喜歡我。既然人們不喜歡我，那我就到沒有人的地方去。

大自然裡沒有人，只有植物，植物不會說話，對我當然沒有意見；還有動物，動物比我還「亂」，更不可能批評我。於是我就帶著躲避人群的心理，跑到大自然裡來了。

但是，要無緣無故地在山林裡做個「遊民」，好像也很奇怪，而且我對自然一點認識也沒有，要長期待在裡面，可能也會有些困難。那時，剛好碰到雪霸國家公園在招收解說志工，正合我意，去學一些有關大自然的種種，而且以解說員的名義留在山裡，至少理直氣壯得多。

沒想到這一待，就是八年。

其實以我對自然生態的理解，如果滿分是十分，我最多也只有三分而已。但是因為我一直在從事「表達」的行業，所以有三分講起來好像也成了五分，再加上我的言語比較幽默，在趣味上又加了幾分，相當受到歡迎。因此我從一個試用解說員、正式解說員漸漸變成資深解說員，甚至偶爾擔任講師，負責訓練新進的原住民或青少年解說員。

而那些本是用來解說的自然生態教材，被我寫成《苦苓與瓦幸的魔法森林》，在市面上與雪霸國家公園同步出版，也就此展開我的復出之旅。

大多數人會知道這本書，是因為我去上于美人的電視節目。其實我在雪霸時，她幾乎是演藝圈裡唯一跟我有聯絡的人，每次在電話中都會習慣性的問我一句「要不要來上電視」，我當然照例說不要。

直到出書那一次，剛好我捐了十萬元給單親兒童文教基金會的未婚媽媽中途之家，于美人又打電話來問我要不要上她的節目，我回她：如果妳也捐十萬元，我就去上。

結果她說：「我捐一百萬，你來上十次我的節目！」——真是個俠女呀！不但樂於捐助弱勢，還不著痕跡的幫忙、推了我一把。這本書也因而受到大家矚目，成為自然生態類少有的暢銷書。

然後我再接再厲，又寫了續集《苦苓的森林祕語》。之所以那麼密集出書，當然是因為第一本賣得不錯（讀者們都回來了！），很多電影上映只要賣座，馬上會打鐵趁熱推出續集，我也是這種心態。

另外一個原因是，蘋果的賈伯斯在那一年去世了！而我跟賈伯斯同年，想來日子也不多了，還是趕快把自己知道的印成書比較重要。

第三個原因，是因為我對自然生態的所有知識，也只到此為止了，要叫我再寫一本也不可能——後來出版的《熱愛大自然：草木禽獸性生活》則是「輔導級」，不一定適合所有小朋友閱讀。

《苦苓與瓦幸的魔法森林》和《苦苓的森林祕語》兩本書，等於是我在雪霸那麼多年來的心得報告，能有這一點小小的成績（據說這兩本書都是臺灣圖書館內，青少年圖書借閱率最高的！），完全是因為雪霸國家公園所有成員與各位解說員同學給我無私的接納、溫暖的擁抱，還有不斷的激勵，讓我成就了完全不同的一段人生。所謂「行到水窮處，坐看雲起時」，但若非遇到這麼多貴人，我是不太可能重新站起來、找回我的讀者的。

因此，在《苦苓與瓦幸的魔法森林》出版增訂新版、而且頗受歡迎後，我決定寫下這一系列回憶「雪霸的點點滴滴」，收錄在《苦苓的森林祕語》增訂新版中，作一個永遠的紀念，也表達我真摯的感謝。

二〇一八年底，我終於從雪霸國家公園解說志工的位置「退役」，完成我意想不到、長達十七年的第二段人生。雪霸早已成為我生命的一部分，我也希望可以繼續擔任雪霸的自然生態講師，將這一把「熱愛自然」的火炬，生生不息的傳遞下去。

當然最感謝的是一直愛護我、支持我的讀者們，在這個已經沒什麼人讀書的時代，在你們打開我的書本那一剎那，都像是天邊初升的朝陽，照亮了我，一個從大自然裡走出來的寫作者。

瓦幸的臨別禮物

緣起

我伸手要去抓瓦幸的鼻頭，
她卻早已一溜煙的閃開了，
張開雙臂往河邊的桃花林飛奔過去，
像一隻展翅遠揚的小鳥。

「我就要離開部落了。」

泰雅小女孩瓦幸說，黑亮的大眼睛一眨一眨的。

「以後不能陪你走步道了。」

我還來不及反應，她的話又像一拳打中我的胸口，而瓦幸自己的眼眶也濕了。

「妳……妳要去哪裡呢？」我變得有點結巴了，我知道她阿姨住在都市裡，也知道他們家人一度討論過遷居，但沒想過是在我剛出版了新書之後。是為了更好的學習環境嗎？還是在山上的生活實在太「渴」了？

「渴」是泰雅耆老教給我的說法，第一次聽說時，我還傻傻的問：「山上也會缺水嗎？」後來才知道「渴」是「窮」的代替詞，以種植水果蔬菜維生的族人看天吃飯，有時只要一場颱風就會讓一年的收入全部歸零，只能依賴借貸過活，直到明年的下一場收成前，一直都很「渴」。

「我想去參加星光大道、超級偶像……還有很多選秀節目，」小女孩說的時候還帶著一些猶豫，彷彿怕我責備似的，「你知道，我一直都喜歡唱歌跳舞。」

「最喜歡。」聲音很小，卻很堅定。

我終於確定過去那些在山林漫步的美好日子，已經一去不復返了。

「好啊！」我吸了吸鼻子，站直身子，「希望妳會成功。」

「真的嗎？馬罵（泰雅語：叔叔）你不會怪我？」她似乎很意外，又趕緊掩藏喜悅。

「怎麼會呢？追求夢想很好啊。像我不也是實現了自己走入森林、又重新出書的夢想嗎？」我很快調整了心態，試圖給小女孩更多鼓勵，「如果不是妳，我的夢想或許沒有那麼快實現呢！」

「也對。」她還是和以前一樣，一點也不客氣，或者說，不虛偽。泰雅小女孩從不推卻別人對她的讚美，如果她也自認如此。「像前幾天你在國家公園帶的遊客，還有人特地跑到遊客中心來，看我那張三年前的照片呢！」

她喚起了我們第一次相見的情景：那時她跟著媽媽來上班，在櫃檯後面露出半邊臉孔，大大的黑眼睛、濃濃的眉毛、紅通通的臉頰、白得發亮的牙齒，然後……然後就是一整個春天太陽般的笑容了。那時我就想：世界上怎麼會有這麼漂亮又這麼快樂的孩子呢？

「我希望以後人家想來看的瓦幸，不是你書上的瓦幸，是我自己的瓦幸。」

好像應該說「瓦幸我自己」吧，但我沒有再犯老是糾正她語法的毛病，該把握的是這最後相處的機會。

「那我們……去河邊走一走？」

「好啊，」她看了看自己的米老鼠手錶，「我媽媽叫我五點要回家，學鋼琴。」

「妳家買鋼琴了？」我正要大驚小怪，又被她瞪了一眼，「數位的啦！我亞大（泰雅語：

阿姨）要來教我，她說要打好基礎，以後說不定還可以自彈自唱，像……」

「像周杰倫那樣對不對？」

瓦幸笑了，露出熟悉的一口白牙，她又恢復了昔日的熱情與活力，一蹦一跳的在我前面向七家灣溪畔走去。

清澈透明的河水依然潺潺流過，風在松林的枝椏間繼續製造濤聲，一隻尾翼豔橘的鉛色水鶇（ㄉㄨㄥ）匆匆掠過，這美好的一切以後就沒有人跟我分享了，我忽然覺得有點感傷，冷不防卻被小女孩打了一拳！

「喂，又在發什麼呆？人家要送你禮物啦！」

「禮物？」我伸出食指，在她面前左右搖動，「少來了，妳一天到晚只會跟我要獎品，怎麼會想送我禮物？」

七家灣溪▼

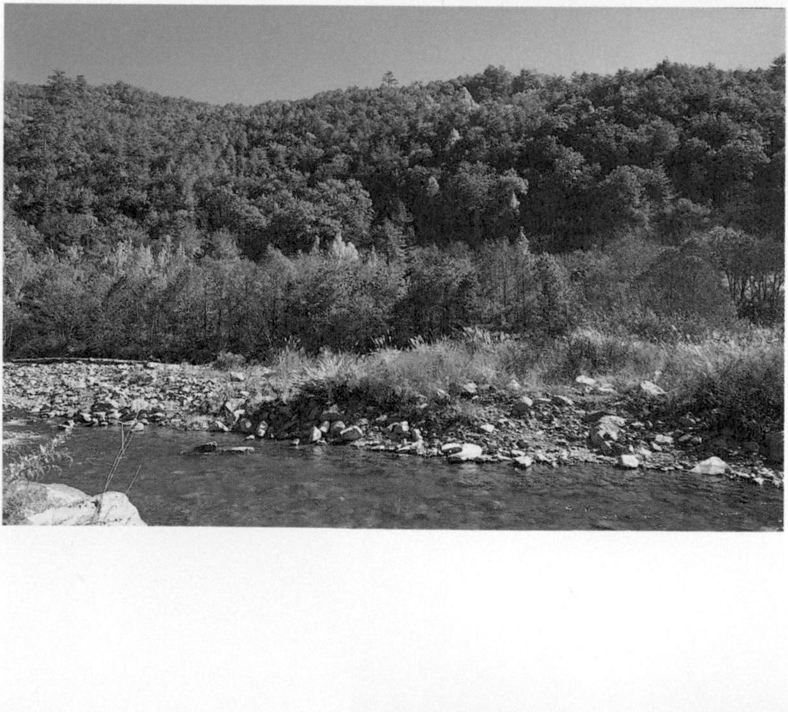

「厚！你不信？不信我就收回禮物不送了喔！」
她假裝氣鼓鼓嘟著嘴巴、雙手插腰的樣子令我莞爾。
「好啦、好啦，相信妳，禮物呢？」
「這個禮物是看不見的。」
「瞎密啊（閩南語：什麼呀）？看不見也叫禮物，難道妳要送我一陣風嗎？」
「噓……你閉上眼睛，就能收到我的禮物。」
看她一臉正經，我只好乖乖照做，說不定這是小女孩為了告別的精心安排，可不能辜負了她的好意。
「聽到了嗎？注意聽！」
我聽到河水飛濺過石頭的聲音；聽到枯枝掉落草叢中的聲音；聽到小鳥在遠處吱吱喳喳的聲音；聽到更遠處有山羌在吠叫的聲音……咦？這不是我教給瓦幸、也常和遊客互動的「聆聽大地」遊戲嗎？怎麼她反而用到我身上了，正要開口質疑，瓦幸說：「噓……再聽清楚一點。」
似乎有更細緻、卻很清晰的聲音傳來。
「隔壁那些狗筋蔓，好像開始結黑黑的果子了。」
「我最討厭風藤了，釘在人家身上就不放！」

「喂，有人知道黃花鳳仙花開了沒有，可以採蜜了嗎？」

「那隻河烏在石頭上蹲了好久，我怕死了！」

「這兩個人離河邊這麼近，我們的小鴛鴦會不會有危險呀？」

不會吧？我聽到的都是植物和動物講的話嗎？還是我自己的幻覺？古代有公冶長聽得懂鳥語，我現在卻連植物和動物講的話都聽得見了，難道這就是泰雅小女孩瓦幸給我的臨別大禮？可是她自己也沒有這種能力呀！不，世界上沒有人會有這種能力的。

這時候才發現，她的小手緊緊牽著我的。

「我昨天跟祖靈祈求，請祂讓你能夠聽得見每一種生物的聲音，可以跟它們交談，祖靈好像答應了。」

「真的嗎？妳相信嗎？」我激動又急切的問。好像與以往的角色互換，我成了那個一天到晚問問題的小女孩。

河烏▼

她鬆開我的手，雙手托住自己的下巴，定定的看著我，「祖靈說：『只要你相信，就會聽得見。』」

「不過只有你自己在的時候哦！」她又認真的補充，「有別人在就不靈了，還有，也不可以告訴別人。」

我仔細凝視她的雙眼，認真篤定的眼神一點也不像在開玩笑，難道她是個有魔法的小女巫嗎？還是她把自己的「天賦」傳給了我？也有些人看了我的書，質疑像她這樣的一個小女孩不可能那麼聰明，現在事實卻證明她比大家想像的都要聰明多了。聰明、聰明，耳聰目明，如果連一切生物的語言都聽得懂，那不是「聰明」還是什麼？

「我聽不見它們，」瓦幸彷彿察覺了我心中的疑問，「但是你聽得見，還可以跟它們對話，但是……就像跟我講話一樣，不能講太深太難的話哦！」

「好吧，」我姑且接受，才能再問下去，「那我會有這個……能力多久呢？一天？一個月？還是一輩子？」

「我也不知道。」她露出調皮的笑容，「看你乖不乖吧？如果不乖，祖靈就會把這個能力收回去。」

我怔怔坐在河邊石頭上，半信半疑，如夢似幻，我真的有了和其他生物交談的能力嗎？

「你們兩個在這裡跳來跳去，是怕被人看見你們要進去的窩在哪裡嗎？」我忽然聽見自己對攔砂壩的兩隻紫嘯鶇這麼說，但我並沒有開口呀？

「對啊，你們兩個在這裡那麼久不走，我們回不了家，寶寶會著急耶！」

▲ 紫嘯鶇

我還真的聽見一隻紫嘯鶇回答了，轉頭看看瓦幸，她正折了一片芒草在打結，看似對這番交談渾然不覺，我拉住她的手，緩緩離開了河邊。回頭一看，兩隻鳥兒已沒了蹤影，應該是如願回家了。

「謝謝妳呀，瓦幸。」

「不要謝我，謝謝祖靈吧，又不是我讓你變成超人的。」

「超人？」我啞然失笑，「我這樣算超人？」

「當然啊，一般人對森林裡的動、植物通常是看都不看，就算看也多半看不懂。你不但會看，還可以聽，還可以跟它們談話，那不是超過一般人、不就是超人？」

「說的也是……」我正要附和，心中又起了疑問，「可是妳怎麼知道，我會想要這個禮物呢？」

「哈哈哈！」她笑得直不起腰來，乾脆蹲在地上，「拜託哦！你每次帶我走步道，碰到不認識的植物啊，就拚命的查書、查電腦、問人家，不管什麼動物的習性，你都要追根究柢的弄清楚，老實說，有時候很煩耶！」

我不太好意思的抓抓頭，無從反駁，但那應是每個初入大自然者的必有反應吧？

「所以我想啊，你要是能直接聽到它們的講話、可以跟它們交談，所有的疑問不就解決了？也不用再煩……我了。」

「煩妳？我幾時煩到妳？」我伸手要去抓瓦幸的鼻頭，她卻早已一溜煙的閃開了，張開雙臂往河邊的桃花林飛奔過去，像一隻展翅遠揚的小鳥。

再見了，瓦幸。

苦苓偷偷告訴你

也許你會發現在這本書裡，不管動、植物都被我稱作「它」，其實我也知道動物應該用「牠」，可是我對動、植物一視同仁，很難用不同的稱呼。而且你不覺得叫一隻昆蟲為「牠」，很像在叫一頭牛嗎？所以只好一律用「它」囉！大朋友、小朋友千萬不要學喔！

第一次與芒草交談 1

許多人隨意的碰觸植物，結果被割、被刺，又痛、又癢，
都只會怪罪自然的凶險，卻從不反省自己只是個外來的侵害者。

芒草 ▲

走在觀霧雲霧步道（註）的木棧道上，兩旁的芒草輕輕隨風搖曳，初開的芒花在夕陽下閃閃發光，這般常見的自然景象仍然令人動容，或許我真如朋友戲稱的，得了「山癌」，再也離不開這無限豐富、變幻萬千的懷抱了。

「我不是蘆葦。」

忽然傳來一陣細弱的聲音，我停下腳步專心聆聽，聲音又沒了……不，還有，只是不在耳邊，而是在我腦海裡迴盪著。

這奇怪的經驗令我不知所措，原本聲音都是從耳中聽到，再傳到腦部。但這種直接出現在腦裡，或者說心裡的聲音，究竟是不是屬於「幻聽」呢？或純粹只是我自己的想像？

我想起了幾天前，泰雅小女孩瓦幸送我

的臨別禮物——「據說」我應該聽得到一切生物的聲音，並且可以和它們交談了。會是眼前的芒草在對我說話嗎？

「我知道你不是蘆葦，蘆葦是長在水裡的。」我試著不牽動聲帶，在心中清楚的唸出這兩句話。

許久沒有回應，我只聽到大冠鷲在空中如嬰兒啼哭的叫聲。真的是痴心妄想吧？還想跟萬物交談呢！小女孩天真的戲弄，我卻很當一回事，未免太……

「那就好，我最怕人家指著我亂叫：『啊！蘆葦，好漂亮的蘆葦哦！』」

真的回答了！芒草真的聽見而且回答我了！我喜不自勝，簡直就要手舞足蹈，但隨即收斂起來，對於剛剛還是陌生「人」的相遇者，不應該太過忘形吧！

「也許是他們看多了《水滸傳》的影片，以為你就是梁山泊的蘆葦吧，不知者不罪，別介意哦！」

又是半天的靜默，我才驚覺自己犯了大錯。瓦幸叮嚀過我：「不能跟它們講太深、太難的話。」一株矗立山中的芒草，怎麼會知道人類的什麼《水滸傳》、梁山泊？我太大意了，急著彌補過失，「我是說，有人認錯了，你別介意，就像你可能也分不出人類的白種人、黃種人和……」

「但是我不會分不出人和猴子啊！」這次的回答倒很快，也讓我啞口無言。如果有人指著臺灣獼猴說那是人類，一定會遭大家恥笑，我們卻常把芒草當作蘆葦。

「沒關係，」反而換它在安慰我了，「初次見面，我說個謎語給你猜吧！」

「你……也會說謎語？我以為只有我們人類……」

「是啊，是你們這裡一位解說員，每次帶遊客來的時候都說這個，我聽久了也就會了啊！」

我驚訝的張大了嘴巴，不是因為芒草會說謎語，而是它們根本就聽得懂我們人類的話。那我自己在帶隊解說動、植物的時候，不知有沒有根本就把人家講錯了、它們卻無法出聲糾正的尷尬狀況？

這興致勃勃的芒草卻無視於我的窘態，自顧自地說：「你聽好哦！一隻刀，兩面利，會切肉，不切菜，猜一種植物？」

沒想到它學習能力真強，閩南語說得字正腔圓，我歪著頭假裝苦思不得，它卻得意了：「就是你現在看得到的植物啊！猜猜看。」

「我知道了！」我好像演技並不太好，只好學小女孩的天真樣子，「就是你嘛！芒草！」

「答對了！」它的身軀搖擺得更厲害了，好像在為我鼓掌，不曉得我早已知道答案。我也裝作在益智節目裡答對問題的參賽者，興奮的上前與它握手。

「啊！」忽然一陣痛楚，血從我的食指上微微滲了出來。

「不好意思，割傷你了！我不是……誰叫你……」

看它有點慌亂，我反而更不好意思了，芒草會割人，這是它的自衛機制，自己亂碰的人類豈能怪它？「沒事沒事，是我不對，逆向碰到你，當然會被割傷，如果是順向……」我又伸手去碰它，它猛地閃開。

「不要再碰我了！」

「沒事沒事……」我從它根部的方向，輕輕往外撫弄芒草的葉片，果然毫髮無損，「我這樣不就證明了，你本來就無意傷害別人，只為了保衛自己？」

「嗯，沒錯，你還算……懂事。」

我差點笑出聲來，這輩子第一次被一株植物稱讚懂事，可見得山裡面「不懂事」的遊客顯然不少，許多人隨意的碰觸植物，結果被割、被刺，又痛、又癢，都只會怪罪自然的凶險，卻從不反省自己只是個外來的侵害者。

「可是一樣是葉子，為什麼偏偏你的葉子會割人呢？」

我吮著手指上的血，一邊好整以暇的坐下來和它閒聊，可得好好把握這「第一次」與植物交談的機會。

▼ 芒草葉緣

「你再逆向摸我看看，不過要輕、輕一點。」

它的語氣出奇溫柔，我依言輕輕碰觸它的葉緣，果然發現是鋸齒狀的！據說木匠的祖師魯班，就是因為被芒草割傷、仔細觀察思索後，才發明了鋸子這種工具……從小聽過的故事，卻到了年過半百才在森林裡證實，我不免搖頭苦笑自己過去受的是什麼樣的教育。

「可是葉片是軟的，就算有鋸齒，也不一定能割傷人……或者其他動物吧？」我得有點挑戰的精神才行，不能讓植物把我們人類看扁了。

「沒錯！」它似乎對我的問題頗為激賞，「光鋸齒怎麼夠？我的葉緣上面還含有矽呢！」

「矽？矽谷的矽？」我恍然大悟，難怪看似柔弱的芒草可以如此「凶狠」的割傷人，但立刻起了更大的疑問：「不對，你是植物，身上怎麼會有矽呢？」

「傻瓜。」它左右搖擺，有幾絲芒花隨風飄走，好像在嘲笑我似的，「我身上沒有，土裡面有啊！我只要吸收土裡的矽，放在葉緣，不就是最好的防身工具了？」

「是厚……」我真心讚嘆，自然的奧妙總是令我一再折服，今天又多學了一點，就算被植物罵「傻瓜」也是心甘情願的。

「好吧，為了感謝你的教導，我就唸一首人類寫的、關於芒草的詩送給你。」

「詩？那也是一種謎語嗎？」

「呃……也算是吧！」看來人類的智慧要應付植物也未必足夠，「你聽著哦！『細漢親像

芒草 ▲

稻仔叢，大漢路邊會割人，秋天若到開花籃，滿山遍野白茫茫（閩南語）。』聽得懂嗎？」

「懂啊，別忘了，我們是用心交談，哪一種語言並不重要。」我又「不小心」被芒草教訓了一頓，看來這自然世界還有許多需要我去學習的呢！

「這個謎……詩，形容得很好，再過一陣子你來看我們，芒花就更紅了，在夕陽照耀下好像整座山都被火燒起來似的，你們也有人做了一句……也是詩吧，叫作……」

「丹山草欲燃！」我和芒草不約而同的說，又相對哈哈大笑……咦？它真的有發出笑聲嗎？還是我自己太高興以為它也在笑？管它呢！能和芒草聊天，可是千載難逢的機會呀！

我正想著回去如何向夥伴們炫耀時，小女孩的叮嚀卻在耳際出現：「有別人在就不靈，還有，也不可以告訴別人。」

芒草隨風低垂，好像在跟我點頭似的，看來這就是我們之間的「祕密」，是無從與他人分享的囉！

（註）雲霧步道：位於雪霸國家公園觀霧遊客中心後側，為松木棧道，全程八百八十公尺，入口處有黃花、紫花及隸慕華等三種鳳仙花，沿途遍植櫻花、楓樹及檜木，以及野生的赤楊、二葉松，也有臺灣百合、龍膽、黃苑依序盛開，並可遠眺檜山霧景與雲海，是一條植被豐富、老少咸宜的人工步道。

▼ 雲霧步道

(圖片提供/雪霸國家公園管理處　攝影/黃德雄)

雪霸的點點滴滴

當我考上雪霸國家公園的解說員，開始和同學一起受訓時，心裡非常興奮和緊張：興奮的是我要開始一段完全不同的生活，緊張的卻是同學們怎麼看待我——這個在社會上鬧了醜聞的傢伙，一個叫苦苓的作家。

後來發現這些擔心都是多餘的，同樣是解說員的這些同學，如果稱一般人為「社會人」，他們就是所謂的「自然人」。

自然人關心的和社會人不一樣：他們不會關心什麼藍綠的政黨惡鬥，也不會關心什麼股票期貨的漲跌，更不關心什麼名人藝人的緋聞；他們關心的可能是一朵花的開放，一隻鳥的鳴叫，或是一朵雲的漂流……

所以他們大多數人根本不知道苦苓這個人；就算知道苦苓的，也不知道這個傢伙到底幹了什麼事；而就算知道苦苓做了什麼的，也一點都不在乎。在他們眼裡，我只是

七二四號解說員王裕仁，他們最常做的就是把我叫過去：「喂，七二四，你看這是什麼？不知道？怎麼那麼遜？」

因此我很安心，我可以不用像在山下一樣在意大家的眼光、擔心別人的評斷，就像一個普通而平凡的學員，腳踏實地的去學習所有關於大自然的知識──能跟這些自然人在一起，我真是太好運了。

還有一位原住民學員叫作多乃，他甚至規定同學不准叫我「苦苓」，凡是叫我苦苓的一律罰一百塊錢。同學們當然不服氣，有人說我們當然不在乎他是苦苓，可是苦苓是他的筆名，偶爾順口叫出來也是有的，何至於就要罰錢了？

結果多乃說：因為泰雅族最信奉祖靈，所以他一天到晚都聽到族裡的耆老在說「祖靈說」如何如何，那如果在雪霸又一天到晚聽到「苦苓說」如何如何，他會被搞混的！所以不准叫苦苓。

大家聽他這樣講，哈哈一笑也就算了，只有我的心裡充滿感激，知道他是在「掩護」我，希望我不要被原本的身分所困擾，而我也就在這樣安安靜靜的學習生活中，慢慢地變成了一個解說員。

小螞蟻的生命大道理

2

山要是不讓你上，你上得去嗎？
如今你下來了，山還是高高的、好好的在那裡，
動也不動，何嘗被你征服了？

我大汗淋漓的坐在森林步道的石頭上，一邊揮汗，一邊觀察著四周一動也不動的枝葉，心想今天為什麼這麼悶？一點風也沒有。全身每一個毛孔都豎立起來……有了！有一絲絲、涼涼的風從我臉上拂過，抬頭看見山壁上的一群颱風草，只有一枝輕輕的搖晃著，原來閩南語說「一管風」，有時候風就真的只有細細的一管呢！

也只有熱到了極點，才能體會一點點風也有巨大的涼意吧，就如真正飢餓的人，什麼食物到嘴裡都會變成美味。

這時候忽然有一隻黑色的螞蟻，從岩石上爬上了我的左手，我本想伸手將它揮開，又轉念一想，它是把我當成一座山了嗎？看它毫不猶豫的順著我的小臂，很快爬上了肩膀——當然也花了幾秒鐘，但以它「嬌小」的身軀來說，這種速度算是很快了。

它竟然毫不客氣的爬上我的脖子了，搔癢的感覺讓我下意識想去拍打，又念及這終究是一條無辜的小生命……正猶豫間，它已從我耳後爬入頭髮，不久竟登陸我的頭頂，雖然已看不見它，但明確感覺它停了下來，不知是在顧盼自得呢？還是覺得前途茫茫？

但它比我想的還要果決明快，不久就從我身體的另一側，依循大致相同的路線爬了下來。我已經可以看見它，小傢伙或許無意中來了一趟冒險之旅吧！幸好它碰到的是我，換了別人或許早已慘死指下——大多數人在直覺反應的捏死一隻「冒犯」他的螞蟻時，應該不太會感覺那也是一個真實不虛的生命吧！難怪古人說「亂世人命，賤如螻蟻」，而螻蟻的命即使在太平盛世也是一樣卑賤的。

「哈！我征服了這個人。」

我聽到這細小的聲音時，差點從石頭上摔了下來，雖然這幾天已經漸漸熟悉和植物交談，但這倒是第一次有「小動物」對我發言，而且口氣如此囂張。

「開什麼玩笑？爬到我頭上再爬下來，你就自以為征服了我？」我故作凶狠的說，「要不是我肯讓你爬上爬下，你休想……」

「我知道啊，」它舞動著一對大顎，好像在對我示威，「可是你們人類不是也常常爬上一座山，就說自己征服了這座山嗎？我是學你們講的。」

我一下子啞口無言了，沒想到一向辯才無礙的我竟然輸給了一隻小螞蟻。是啊，「人定勝天」這句我們如此熟悉、習慣使用的話，其實是多麼的傲慢與無知。氣喘吁吁、大汗淋漓，利用許多器材和夥伴幫忙，才千辛萬苦的爬上一座山，插個旗、拍張照又匆匆下來，這樣也敢斗膽自稱「征服」了這座山？山要是不讓你上，你上得去嗎？如今你下來了，山還是高高的、好好的在那裡，動也不動，何嘗被你征服了？

「人是有些自大，不過不管怎麼說，畢竟還是地球上最優秀的物種。」我力圖扳回一城。

「哈！」我完全聽得出它訕笑的口吻，「就憑你們掠奪了地球上絕大部分的資源？就自以為最優秀？」它爬上了我的大臂，似乎想跟我四目相對，「至少我們螞蟻，就比你們人類優秀。」

「是嗎？有嗎？」我也不太服氣，「我們會畜牧、會耕種，所以不必整天為了找食物而用盡力氣，所以才能發展出人類獨有的文明。」

「耕種？我們也會啊！」小小的它，口氣可一點也不小，「雖然我不能帶你到窩裡去看，但是你一定知道，我們會帶樹葉回到窩裡，用來種植菌類、作為食物吧？」

切葉蟻▲

我想到電視頻道裡切葉蟻辛勤「耕種」的畫面，又為自己的失言而扼腕。

「那你也一定知道，我們會飼養蚜蟲，吸食它們提供的蜜汁吧？這和你們喝牛奶有什麼不同？至少我們不會忘恩負義的，把我們養的蚜蟲吃掉！」

沒想到螞蟻的智慧這麼高，口才這麼好，看來我真是小看它們了，如今不如「以和止戰」，我放緩了口氣：「可是你們吸蚜蟲的蜜汁，是照什麼順序呢？每一位多久吸一次？還是根據地位的高低？或是自己養的自己吸？」

「拜託喔！」它的語氣仍有一點不屑，但明顯溫和多了，

「誰餓了就去吸一下，還排什麼班？我們只有職位的不同，沒有階級的高低，也不會那麼自私自利，所有的東西都是大家共生、共有的。」

原來螞蟻群是個共產社會呀，難怪有一部動畫電影《蟲蟲危機》在中國會被譯成《無產階級工農兵螞蟻奮鬥史》，想到這裡我忍不住笑了起來。

「笑什麼？」雖然太小了看不清楚，我還是覺得它瞪了我一眼。

「沒有、沒有，」我趕忙正襟危坐，維持和平的氣氛，「我只是在想，難怪你們都不會有人偷懶、有人貪心……還是你們有什麼樣的制度、或是領導者……對了！你們不是有蟻后嗎？」

「是啊，蟻媽媽……我們才不叫什麼后呢！它只是負責生蛋，我們大家就負責找食物，把下一代都養大，它也不是我們的領導者呀！」它越說越來勁，已經爬上我的肩膀了，「我們沒有規定什麼人要做什麼，反正只要有工作，一定會有人去做就是了。」

「啊……」我一時不知說什麼好了，這樣看來，螞蟻的社會的確比人類理想啊！沒有自私貪婪、沒有懶惰推諉、沒有爭權奪利、也沒有爾虞我詐……可是到底是什麼力量、讓它們如此團結一致、各安其位呢？

「你看我們有些兵蟻，它為了保衛家園，要長出很大的上顎，結果大到卡住嘴巴，自己沒辦法進食了。」

「真的？那怎麼辦？」

「就會有人負責餵它們呀！」它的口氣又顯得有點輕蔑了，只差沒補上一句「那還用說」。

「那我看你們有時候要過河……」雖然說「河」其實可能只是一灘小小的水，但對體型極小的螞蟻來說，這世界何其巨大、生活又何其艱難，「有人會自動用身體搭成肉橋，讓大家可以順利通過，可是有一些不免會掉到水裡淹死，難道……」我嚥了一下口水，「難道沒有一個會怕死、會有點猶豫和不甘的嗎？」

「不會啊！」它的語調明顯沉重了一些，「我們這麼小，世界這麼大，大家都知道要活下去就是要靠群體的力量，沒有人會懷疑或動搖的，要不然……」

「不然怎麼樣？」

「不然我們螞蟻早就絕種了！今天你也不會有機會在這裡和我溝通。」

它用「溝通」而不是「交談」讓我滿驚訝的，的確，人類太習慣使用語言，卻忘了其他沒有語言的生物一樣是有溝通能力的，反而是我們自己喪失了。我應該慶幸泰雅小女孩瓦幸送我

▼ 螞蟻群

的這個「溝通」能力吧！

「那對你們自己來說，那麼遙遠的距離也溝通得到嗎？例如我現在掉了幾顆飯粒在這裡，你的夥伴們一下子就會找得到，那簡直是我們人類一整個城市的距離呀！如果在這步道的那一頭有食物，我在這邊是絕不可能知道的。」

「喂，可以溝通的不只有聲音好嗎？還有氣味好嗎？還有感覺好嗎？」它越講我越羞愧，想到每次天災前都有許多動物事先知道避難，只有人類傻傻的要依賴什麼科技資訊，也許在「進化」的過程中，我們不知不覺失去了許多作為生物的本能吧！

「現在你承認，螞蟻是比人類優秀的物種了嗎？」

「呃……不相上下，」我還想做困獸之鬥，「你們既然又會耕種又會畜牧，當然也是狩獵的高手啦，」腦海中不禁湧現螞蟻雄兵肆虐山林的畫面，「可以擄獲比你們大好幾倍的獵物，當然也抬得動它們，」我又想起曾經聽人說螞蟻有「過頂之力」，以前練國術的人還想吃螞蟻補功力呢，「大家又都這麼團結合作，為群體奉獻、犧牲，在所不惜……」這時候想到的是人們對日本「福島五十壯士」的謳歌，那不就證明這些在人類身上不可多得的「美德」，對小小的螞蟻來說都是理所當然的？「那你們不是會無限的擴張，像我們人類一樣、面臨糧食不足的危機？」

「不會啊，我們一個群體如果太大了、食物可能不夠了，蟻媽媽就會生下新一代的蟻媽

螞蟻狩獵 ▲

媽，它會帶著他們那一代，到另一個地方去開始生活，」它講著講著，就忍不住要「酸」我一下，「不像你們人類會你爭我奪、殺得頭破血流……」

我不想戳穿它——不同種的螞蟻也會殺來殺去，不然要那些長著大顎角的兵蟻是幹什麼用的？——因為此時心中浮起的，是一個更大的疑問：「我總覺得，一隻螞蟻不算是一個生命，一群螞蟻才算是一個完整的生命，這樣的認知對嗎？」

「你想呢？」我幾乎看見它臉上一股神祕的微笑，或許真是自己想太多了吧！一恍惚間，它已經爬下我的手臂，從我指縫間悄悄的消失在石頭上。我低頭四顧，再也不見它的蹤影，也沒有留下一點痕跡……

事實上，連它有沒有來過，我也不太確定。我唯一可以確定的就是：人類呀人類，千萬別自以為是地球上最優秀的「萬物之靈」，否則有一天人類集體滅絕的時候，萬物都會像這隻與我邂逅的小螞蟻一樣，躲在一旁偷笑。

雪霸的點點滴滴

說到泰雅族的原住民，他們有很多好處，那我就不說了，但是他們也有一個很大的缺點，那就是「不守信用」，或者更正確的說——「不守約定」。

例如我跟多乃，有一次約好時間、地點要談事情，結果時間到了他沒有來，我等了好久，他也沒有打電話過來，我打電話去也沒有人接……無可奈何之下，只好悻悻然的離開了。

過了幾天剛好跟他見到面，我心想他一定會跟我道歉，並且向我解釋那天失約的原因。沒想到他竟然若無其事，臉上一點歉意也沒有，也沒提到有關那天的任何事。

這下我可火大了！質問他那天跟我有約，你記得嗎？他說記得啊！我說那你為什麼沒有來呢？他說因為我有事啊！我說你有事為什麼不打個電話來告訴我呢？他說就是有事很忙、沒有時間打電話呀！我說那我打電話去你為什麼不接呢？他說不是跟你說

很忙嗎？哪有時間接電話？

我被他氣得頭都昏了，硬是壓住自己的情緒，平心靜氣地問他說：「那如果那一天是我沒有來，你會怎麼樣呢？」

他毫不猶豫地說：「你跟我約好了卻沒有來，那你一定是有更重要的事，那我就走了啊！」

我聽得又好氣又好笑，想一想好像也不是沒有道理，只是仍然忍不住要問他：「那你那天到底是有什麼事？」

他還是理直氣壯的回答：「我阿姨嫁女兒，叫我去幫忙啊！」

這就是他們自己一點都不覺得的「不守約定」，你只要習慣了，其實也不難相處的啦！

當我們「皮」在一起

3

瑞士在一百年前就禁止人民砍樹，
非法砍樹的處罰是被驅逐出境——
你不愛這個國家，國家就不要你。

「哈哈哈哈！」看到這四棵樹竟然在植物園裡站在一起，我不禁哈哈大笑。

「喂，沒禮貌，有什麼好笑的？」樟樹忍不住說話了，它當年可是對人類很「有用」的樹種，可能因此講話也就大聲一點。

「不是，我不是笑，我是開心。你們四個站在一起，簡直就是天下所有解說員的美夢成真嘛！」之前我曾在步道上看到併立的三棵柳杉、臺灣杉和香杉，就覺得是天賜的解說良機，沒想到今天還「連中四元」呢！

「我當然是豐功偉業很有得講，它們三個有什麼值得一提的嗎？」原來不只是人會同行相輕，看來植物也會呢！果然旁邊的一棵九芎、一棵白千層和一棵栓皮櫟，都發出了「咦咦嗚嗚」不以為然的聲音。

「我不是要講你們不同的地方，正好相反，我要講的是你們一樣的地方。」

「一樣？我們哪有什麼一樣？」這下子異口同聲了。

「你們一樣……都有皮啊！」

「廢話！」「呸！」「沒有皮還叫樹嗎？」「你明明知道，樹是靠皮輸送水分的，誰沒有皮？」

七嘴八舌，這可是我第一次跟四種植物一起對話呢！好在大家都是「心靈交談」，沒有語言不同的困擾，「我知道啊，但是一般的樹負責生長的是『形成層』，樹皮通常是不會長

樟樹 ▲

九芎 ▲

的，所以當你個子越來越大，皮就慢慢裂開，變成一塊一塊的，就像樟樹先生你，可以說是最好的代表啦！」

「你說我是代表？」樟樹有點得意起來了，「我倒也是當之無愧啦！」

「哼！那麼粗糙的皮有什麼好高興的？」九芎終於忍不住開口了，「哪像我，年年換新皮，永遠都是那麼細皮嫩肉人人誇。」

「的確，你的樹皮又細又滑，好像我們人類小姑娘的皮膚。」

「那我叫什麼外號你知道嗎？」換它得意起來了。

「知道、知道，你鼎鼎大名，你是『猴難爬』，因為『猴會滑』，所以『猴不爬』。猴難爬、猴會滑、猴不爬都是你。」

「那你知道猴子到底爬不爬得上我嗎？」

「這個……」雖然樂於討它們歡心，我也得實話實

白千層 ▲

說，「我倒是沒看過啦，不敢說。」

「我告訴你吧，上回真的有隻猴子爬到我身上，只是它咻、咻兩三下就爬到樹頂去了。」

「哈哈哈！那你還叫什麼『猴不爬』？」樟樹這下可逮到機會反擊了，「根本是名不副實嘛！」

「但是它下樹的時候就慘了，刷的一下直接滑到地上，跌了個狗吃屎，不，是『猴』吃屎，以後再也不敢爬了。」

「所以，你真的是『猴不爬』沒錯呀！」我趁機讚它兩句，沒想到旁邊的白千層卻深深嘆了一口氣。

「咦？白先生，不，白千層先生，何事不開心？」

「你們兩個不管是粗皮還是細皮，至少是完完整整、好看的皮，你看我，一天到晚在脫皮，皮又脫不掉，掛得一身零零落落的，實在不好看。」它的枝葉低垂，感覺像是垂頭喪氣，「有些地方把我們當路樹，老實說，要是我站在路邊的話一定覺得不光彩。」

「不會啦，」我只能好言勸慰，「你是因為木栓的形成層每年都會長新皮，把老皮一層一

栓皮櫟 ▲

層往外推，舊的不去，新的又來，才會變成這樣……也很有特色啊！」

「對啊對啊，『樹』各有體嘛！何必在意？」樟樹也轉過來安慰它了，而且還會咬文嚼字呢！果然是和人類相處比較悠久的樹種，可能是耳濡目染吧！

「有皮總比沒皮好，不久前這裡有棵樹被人家環狀剝皮，那才慘呢！」

「在哪裡？是誰幹的？」人和樹一起義憤填膺。大家都知道樹皮負責輸送水分到樹的全身各處，只要樹幹上被剝了一圈皮，等於所有的水管都被阻斷，這棵樹非枯死不可。

「就在植物園外面，好像有人嫌路樹擋住他家、光線不好，又不敢公然砍樹，就用出這個卑劣手段了！」

我心中感慨萬分，沒想到年輕時偶而聽說的事，到現在還在發生，可見得臺灣的進步實在有限。很多國人在瑞士旅遊都讚嘆那裡的自然之美，卻不知道瑞士在一百年前就禁止人民砍樹，非法砍樹的處罰是被驅逐出境——因為你不愛這個國家，國家就不要你。

什麼時候，臺灣人才會有愛自然就是愛國家的觀念呢？我正在胡思亂想，旁邊一直沒吭氣的栓皮櫟終於出聲了。

「哈哈！還是我比較好吧！我就不怕剝皮！」

「你……」

我們四個一時還沒反應過來，它又繼續招搖了，「我的韌皮超發達，剝下來還可以做軟木塞，兩千多年前埃及人就用我做漁網的浮標，地中海的居民用我做桶蓋、鞋底，你們喝的紅酒瓶塞多半是我做的，美國的太空總署還用我做隔熱絕緣的材料……」沒想到它半天不吭聲，一開口就沒完沒了，也太不謙虛了吧！

「算了吧！那是因為你年紀大臉皮厚，不然哪裡剝得下來？」白千層也不再自嘆自憐，火力全開。

「我有木質層、軟木再生層、軟木層，有這三層，就遠遠勝過你的千層啦，重質不重量嘛！」

白千層真的氣得臉都白了，九芎和樟樹口徑一致，「就算你自己不怕剝皮，也應該同情不幸被剝皮的同類，怎麼可以幸災樂禍呢？」

「我哪有？」眼看自己要變成「樹木」公敵，栓皮櫟可緊張了，「我也是很……同情它們啊！我們有些樹年紀大了，沒有樹心都活得了，但沒有樹皮就萬萬不行了！」

「是啊，皮比心重要。」它們好像取得共識了，不停搖曳的枝葉好像在一起點頭，「那你們人類呢？」

「我們啊，你們可以沒有心、不能沒有皮；我們是不能沒有心，但可不可以沒有皮……」我倒是沒想過這種「比較生物學」，一時也答不上來。

「你們人類不是說：『人要臉、樹要皮』嗎？」果然還是博學的樟樹做出結論了。

「要、要、要，我們臉也要、皮也要、心更要。最重要的是，要有一顆愛惜萬物的心……」我總算有話可說了，卻又忍不住哈哈大笑起來。

「又笑了！」「到底高興什麼呀？」「對啊，你一開始就笑，現在又笑！」「有沒有同情心呀你？」

看它們又再七嘴八舌，萬一聯合陣線攻我就不妙了，「我們剛才不是說，你們四位是解說員的美夢成真嗎？你們四位，就代表了不同狀態的四種樹皮，平常我們就算有機會向遊客解釋，也不可能每一種例子都看得到，他們只能憑空猜想一部分，現在現在……」

「現在我們四個到齊、而且站在一起，你可太方便了對不對？」

「要是在野外可沒有這麼便宜的事，那是因為這裡是植物園，有人硬把我們種在一起的。」

「所以呀，人工的植物園也不一定不好嘛，有人會好好照顧你們，我和其他解說員都會好好利用這個難得的情景，好好介紹大家認識植物、愛護植物的，好不好？」

大家果然都還滿意、沒意見了，只有多話的栓皮櫟忍不住又追加一句：「好好好，那麼多個好，你這樣說話不會太重複嗎？」

「好好好，下一次一定改進，好不好？」我故意「好」下去，逗得這四棵樹也一起哈哈大笑了起來。

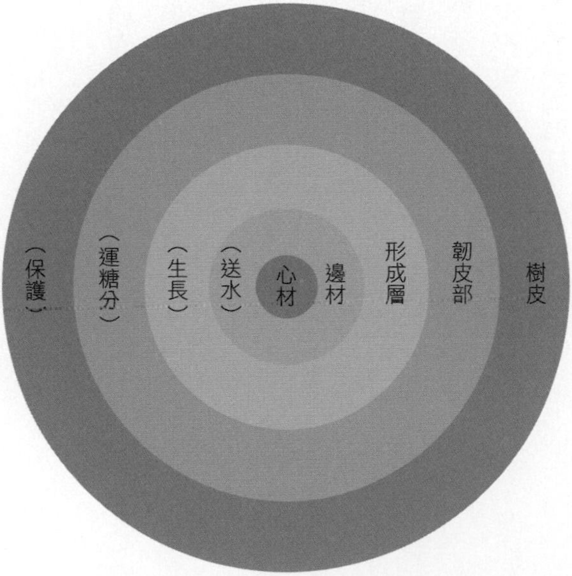

從上面看一棵樹（示意圖）▲

雪霸的點點滴滴

說到泰雅族，我因為後來當了雪霸國家公園的生態講師，也培訓了很多原住民解說員，所以到一些部落去時，都常常聽到有人叫我「老師」，雖然我很早就當過中學老師了，但是在外面被人家叫老師，還是覺得飄飄然的。

有些部落在風景區的路線上，我的這些學生就會在路邊擺攤子賣水果，例如水蜜桃、蘋果，或是甜柿，這些水果都是他們自產自銷，既美味又便宜，卻賣得不太好，每次問起他們生意怎麼樣，他們總是愁眉苦臉。

我問，這麼好的水果，為什麼會賣得不好呢？他們說因為那些平地人總是要殺價，如果不給他殺價他就不買，所以都賣不出去。

我說那很簡單啊，譬如你一顆本來要賣五十元的，你就給他定價六十，讓他殺個十塊錢，不就順利賣出去了，也拿到你想要的價錢了嗎？

我以為這是很簡單的道理，沒想到他們不約而同地說：「我只是要賣五十，卻定價

六十，那不是在騙人嗎？而且不相信我、跟我殺價的可以用五十元買到水果，相信我的人卻用更高的六十元買到一樣的水果，這樣太不公平了吧？」

我一下子呆住了，果然他們也是「自然人」，和我們「社會人」想得不一樣。但是他們的想法有沒有道理呢？好像也對耶！我們在唯利是圖、斤斤計較的社會裡打混慣了，不討價還價，覺得好像是一件吃虧的事，卻忘了誠實標價才是正確而文明的行為——在很多進步國家如美、日、歐洲，我們不是也乖乖照著標價付錢，並不覺得自己吃虧嗎？

無獨有偶，有一次我去伊朗，看到一件工藝品標價兩百二十元，我很自然的開價一百八十元跟他買（要是在東南亞或中國，我最多開價一百），沒想到他不但拒絕，而且很生氣地把那個工藝品收起來，就是再也不賣我的意思了。

我好奇地問他：「我只是減了二十元想跟你買，你不賣就算了，幹嘛那麼生氣呢？」

他回答：「我的東西成本就是兩百元，我賺二十元、也就是賣給你兩百二十元，你居然要用一百八跟我買，那你不就是認為我亂標價、存心騙人嗎？你侮辱了我的人格，所以我不想跟你做生意。」

我想來想去，好像他說得也有道理，看來不管是泰雅族或伊朗人，都比我們誠實、正直多了，我們是不是也應該自我反省一下呢？

4 在路上遇見一隻好蛇

其實野外本是蛇的棲地，要不是我們自己跑來「打擾」它們，
應該也沒什麼機會被咬吧！

我正在山徑上左顧右盼，眼角的餘光忽然看到地上有一根繩子，不知又是哪個遊客粗心遺落的。一隻羽毛鮮紅的灰喉山椒飛過上空，應該還會有一大群吧……突然，地上那條繩子卻緩緩動了起來，「蛇！」

我嚇了一跳，倏地往後跳開，那隻蛇也嚇了一跳，匆匆離開步道、往旁邊斜坡爬上去，沒想到斜坡太陡了，它又嘟嚕嚕滾了下來，樣子有點像我們小時候玩的鐵圈圈，雖然用力掙扎著保持平衡，它還是摔回原來要「逃走」的地方。

這是我第一次看見蛇跌倒！我別過頭去，不好意思直視它，它應該覺得滿尷尬的吧，好在這裡沒有別的同類在場。不過瞥見它灰頭土臉的樣子，我還是忍不住笑了出來。

「笑什麼？」它狠狠瞪著我，抬高上身、露出兩顆尖牙，「難道你沒有摔倒過嗎？」

「有、有、」我忙不迭的道歉，「我只是笑你太不識相，竟然停在常有人來往的步道上，難怪會被嚇到。」

「說的也是，」它收起了凶狠的樣子，其實它個子小小的，怎麼看也不覺得可怕，「我是想說一大早人比較少，趁機曬曬太陽補充一下能量，哪曉得有你這麼早起的鳥兒。」

▼蛇來了！

「鳥?你把我比作鳥?」沒想到動物也會開玩笑呢!
「好啦，人啦!可是我怕你是應該的，你幹嘛怕我?」
「喂，有沒有搞錯?」看來我是碰到一隻愛抬槓的蛇了，乾脆坐下來好好跟它「溝通」一番，「當然嘛是人怕蛇，你知道每年被毒蛇咬死的人有多少嗎?」
「第一，不是每隻蛇都有毒，請你搞清楚。」它的蛇信一吐一收的，看起來「口才」不錯，「第二，請問被人吃掉的蛇比較多?還是被蛇咬到的人多?」
「也對啦，其實我們人也不是蛇的食物，除了自衛或是被驚擾，蛇應該也不會沒事咬人才對。」
「可不是嗎?所以才叫你們人類要『打草驚蛇』，互相通知一聲，不就不會互相嚇到了嗎?」它露出一副「孺子可教」的神情，朝我靠近了一點，我卻不自覺的後退。
「喂!膽小鬼!」它好像有點受傷了，我是指情感上，「你看我這麼細細瘦瘦的，既沒有利爪，又沒有銳齒，動作也不快，其實是很脆弱的好不好?」
說的也是，細細小小、無爪少牙的蛇看起來的確不怎麼厲害，除了……「可是你的毒牙!」我稍稍往前靠，又不由自主退縮了一點，「對了，你有沒有毒啊?」
我努力回想小學自然課上過的內容，它的頭不是三角形的，尾巴不是鈍鈍扁扁的，應該沒有毒吧，但是花色又好像是某一種明明有毒的蛇……

蛇信（舌頭）▲

「哈哈！那是冒充的啦！」它好像洞悉了我的心理，「有些沒有毒的蛇，外表會長得很像有毒的蛇，這樣就可以被掠食者誤以為有毒、逃過一劫啦！」

原來蛇也有山寨版呢！我們一起笑了起來，但看見它那前端分叉的蛇信在我面前一吐一收的，感覺還是不太舒服，「喂，我們聊……溝通的時候，你的舌頭不要吐出來好不好？有一點……可怖耶！」

「你嘛幫幫忙！那是我和外界接觸的主要器官耶！蛇不吐舌頭，就跟人閉著眼睛一樣，不然你把兩眼閉上，我把嘴巴闔上，大家來溝通看看。」

「嗯……好像也不太好。要做朋友嘛，總要互相信任，對了，可以讓我看看你的下巴嗎？」

「為什麼？我們有那麼熟嗎？」它果然滿好笑的。

「我想知道你們的顎骨構造為什麼那麼奇特，怎麼可以打開到接近一八〇度，吞得下比身體大很多的東西？」

「好吧，互相了解一下也不錯。其實就像人的下巴脫臼一樣嘛，只是我們可以馬上接回去，」它嘴巴長得大大的，果然「寬度驚人」，要放進我一個拳頭也不難，「你要不要把手伸進來，看我吞不吞得下？」

我嚇得把手猛力往後一抽！又發現它是在開玩笑，隨即想到一個多年來的疑問：「雖然你吞得下比身體大的東西，也可以半天不動慢慢把食物消化掉，可是在這傢伙……比如說一隻田鼠吧，在到達你的腸胃之前，不也是會經過心臟、肺、肝這些器官，那不會被壓迫到嗎？」

它本來舒展的身子突然盤了起來，頭部離坐著的我更近，要不是確定它不是毒蛇，我一定早就逃之夭夭了。

「告訴你一個祕密哦！」它的眼神好像能催眠似的盯著我，「太大的食物進入我們身體時，我們這些器官會暫時萎縮起來，等食物通過了再恢復原狀。」

「真的嗎？」我大叫一聲，驚起樹林裡幾隻山鳥，「太神了！這簡直是造化的奇蹟嘛！」

「這是老天要讓我們活下去的禮物。要不然以我們相對這麼小的身體，根本沒幾樣東西可以吃嘛，不早就絕種了？」

「所以你們有的會長毒牙，也加強了在森林裡競爭的能

▼蛇的「大」嘴巴

力，可是……我不懂耶？」問題接踵而來，有了和生物溝通的能力，將來我在森林裡可能會更忙了，「有些蛇的毒，一次可以殺死好幾個人、甚至一頭大象對不對？」

「嗯……是這樣沒錯，」它有點遲疑了，補充了一句，「有些啦！」

「如果為了捕獵或自衛，一點點毒就夠了，為什麼你……我是說你的，有的，同類，要那麼毒呢？」

「唉……」它長長的嘆了一口氣，似乎有點無奈，「其實最早最早，我們蛇普遍是沒有毒的，但我們最主要的食物就是……你知道囉！青蛙。」

「對，」它讓我有點明瞭了，「可是有些青蛙變得有毒了，為了吃它們，我們有些蛇也變得有毒了。」

「我猜，這是演化嘛！」

「那青蛙為了不讓蛇吃，就變得越來越毒，蛇為了吃青蛙，也只好變得越來越毒，幾十萬、甚至百萬年不斷競爭的結果，就出現了很毒的青蛙、和很毒的蛇了。」

我不知道它說的是不是真的，但我想到的是非洲獵豹和羚羊的演化史：羚羊如果跑得不夠快，就會被獵豹吃掉，所以活下來、能繁衍後代的都是跑得最快的羚羊。而獵豹如果跑得不夠快，就抓不到羚羊吃，也沒辦法活下來、繁衍後代。一代一代不斷競爭的結果，就是羚羊越跑越快、獵豹也越跑越快。

這個原理，和青蛙與蛇的越來越毒應該是相通的吧！重點是，蛇這麼脆弱，如果不是有毒或被以為有毒，恐怕早就滅絕了吧！

「所以有時候不小心、不得已咬了你們人類，其實沒有要你們致命的意思啦！啊不過就那麼毒嘛！」它好像還有點不好意思呢！其實野外本是蛇的棲地，要不是我們自己跑來「打擾」它們，應該也沒什麼機會被咬吧！

「那我可以……摸摸你嗎？」我鼓起勇氣提出要求，怕的不是它會攻擊我，反而是怕冒犯了小小的它。

「好啊，可是你要輕一點，」它的聲音也變得輕柔了，「其實我是很脆弱的。」

我從頭部慢慢順著它的身軀往下，輕撫它一節一節的胸骨，似乎十分柔軟卻又相當堅韌。它慢慢的滑行捲過我的小臂，冰冰的、密密的接觸並不讓人害怕，反而感到一種奇怪的親密感……我想到伊甸園裡與夏娃邂逅的蛇；想到醫學標誌裡那象徵永恆的蛇；想到神話裡滿頭蛇髮的女妖沙樂美。蛇永遠是那麼神祕、可怕，以及無限的驚奇……

「咦？」這時我摸到了它縮在腹部的，一隻小小、看起來像腳的器官。

「你、有、腳？」雖然已經退化，但隱約摸得出來還有腳掌、腳趾的遺痕，原來蛇真的有腳？原來「畫蛇添足」並不是錯的？

「有啊，」它好像在笑我大驚小怪，「別忘了我們是爬蟲類，沒有腳怎麼爬？只不過現在都收起來而已。」

真是奧妙啊！我撥弄著它那原本是小小腳掌的痕跡，它似乎不太樂意，很快滑離了我的手臂，回到山徑旁的草叢邊，「下次走路小心點，可不是每條蛇都像我這麼好脾氣。」「是、是、再見。」我忙不迭的點頭，心裡明白這樣的奇遇不可多得，仍然忍不住遠遠窺探它的動向。

它潛進草叢不久，就發現了一個看似廢棄的鳥巢，裡面有凌亂的羽毛和一些蛋殼的碎片，但還有一顆完整的蛋，我興奮的屏氣凝視，看見它的蛇信加速吞吐，似乎在加強刺探外界的狀況。

然後它爬到鳥蛋前面，一點一點的張大嘴巴，真的張到比它身體的直徑大兩倍以上吧！慢、慢、慢、慢的把那顆蛋吞了進去，從它細細的身體，明顯看出凸起的形狀，那顆鳥蛋顯然在它細長的身軀裡慢慢蠕動著。我忽然想到《小王子》裡那隻吞了一隻大象而變成凸帽子狀的蛇，俗話說「人心不足蛇吞象」只是比喻，但今天能目睹蛇吞蛋，也算是我漫步山林的一大收穫吧！

我心滿意足的離開，那隻美麗、善良又好笑的蛇，能吃到一顆鳥蛋固然很好（對不起了鳥媽媽，希望妳生的不只一個），但那蛋殼要怎麼消化呢？它果然如「傳說」中的在擠壓、消化了那顆蛋之後，還會把蛋殼的碎屑一一吐出來嗎？

看來明天非得再走一趟這條山徑不可了。

蛇蛻 ▼

蛇
偷偷告訴我

其實我們還有更脆弱的時候：因為蛇皮不會長大，所以我們每一陣子就要脫皮，很辛苦的在樹上、石頭上磨蹭，眼神也迷迷濛濛的，下次在山裡看見我們蛻下來的皮，不要怕，蛇早已走遠了！

雪霸的點點滴滴

雪霸國家公園招考義務解說員，並沒有要求必須是森林系、植物系等本科系，所以必須假設所有同學對自然生態的知識都是零分（其實裡面有很多高手，也有來自其他國家公園的），因此在兩週的集訓時間內，必須請來動物、植物、地質、星象、生物多樣性等各種高手，把他們畢生所學的精華，盡量在最短時間內傳授給我們，光是上這些課，就會有很大的收穫。

這一切課程當然都是免費的，即使你後來沒有順利當上解說員，也不會向你追繳任何學費，偷偷告訴你：這真是個學習自然生態的好地方，既不像一般大學要找時間去旁聽，也不像社區大學比較少這類集中的課程。再偷偷告訴你（請國家公園原諒我）：即使你原本就沒有想要當解說員，光是來上這些課程也都是賺到喔。

大家都以為上完課後必定有筆試，所以每天囫圇吞棗、死記死背，但求把所學的資

料盡量記在腦中，來應付可能是生平最困難的考試。說實在的，看著一群老中青年像在面對大考似的拚命準備、唯恐遺漏，還覺得滿感人的。

沒想到結訓當天，國家公園宣布：所有參與受訓的學員，都順利成為義務解說員，不需經過任何考試——老實說，我還滿失望的，因為我這次真的很努力準備，而且我一向很擅長考試；最重要的是，如果沒有經過什麼困難的關卡，就這麼容易成為解說員，好像也少了一份榮譽感。

到目前為止，唯一的關卡就是受訓前的面試，有關我「易容參加解說員面試」的故事，請參考《苦苓與瓦幸的魔法森林（增訂新版）》，不過我記得很清楚，當時的面試官只問了我一個問題：「你為什麼要來當國家公園的解說員？」我也只回答了一句話就錄取了。你好奇我答的是什麼嗎？很簡單，就是：「因為我熱愛大自然。」

5 檜木老爺爺的叮嚀

人類如果妄自尊大想扮演造物主，那是會自食惡果的！
如果人類停止「用」這個世界，
所有的生物應該都可以活得長長久久。

白霧漸漸散去，眼前依稀露出了一層層的階梯，我非但沒有向上攀爬，反而後退了幾步。

只有這樣，我才可以勉強的完整看到這一棵巨大無比的檜木。

「檜木？你只會叫我檜木？」感覺聲如洪鐘，在我心中震盪起陣陣迴音，果然是個樣樣都「大」的人物，呃，我是說植物。

「我……又不確定你是紅檜還是扁柏，反正你們兩個都是柏，也都是檜，扁柏不就是黃檜嗎？」我一邊敷衍它，一邊仔細觀察它的樹皮。紅檜是皮比較薄的「薄皮仔」，可是離得那麼遠，我根本碰不到它的樹皮。

「如果我把你這個臺灣人叫成日本人，可以說因為你們都是亞洲人嗎？」沒想到它會舉例反駁，果然是有千年智慧的對手，它應該有不少夥伴是在日本人的鍊鋸下倒在它身邊的吧！

紅檜表皮 ▲

我也知道紅檜的果仔比較圓，扁柏較橢圓，紅檜的葉子也比扁柏刺一些，但同樣的這兩者我都碰不到，那只有從身形判斷了：據說紅檜的枝葉比較舒展，像女性婀娜的舞姿；而扁柏則像高舉手臂的壯碩男子……可是大自然本來就不是那麼一成不變，萬一猜錯了，被一棵大樹取笑，似乎也有失我這個山林愛好者的面子吧！

「知道了！你是紅檜！」我靈機一動，果斷的說。

「呵呵呵……」它的笑聲果然像是一個老者，「你是瞎猜的吧？」

「才不是咧！」我指指它略微泛紅的葉子末端，「現在是冬天，只有你才會稍稍變紅，扁柏不會。」

「好吧，算你還有一點眼光，比起那些只想剝我皮、聞我香味的人好一點。」年紀大的人都吝於稱讚別人嗎？沒想到樹也是一樣，「那你知道我的價值在哪裡嗎？」

「知道、知道，」在這位老爺爺面前，我覺得自己好像變成了幼稚園的小學生，「你長得超慢的，通常一年只有零點四公分……」

「長得慢算什麼優點？」它又打斷我了，還真是個典型的老人家。

「長得慢所以結實啊！」我想起許多城市裡作為路樹的黑板樹，長得超快，但也超脆弱的，「所以你是最堅固、最好的建材！」

扁柏 ▼

紅檜 ▼

「說得不錯，」它好像被我逗樂了，「就像你們人類的小孩有些個子小發育慢，也有可能是他長得比較結實啊！還有呢？」

「還有你們不怕潮濕，因為你本來就長在一千五百公尺以上的雲霧帶。」我一口氣說完，不等它有插嘴的機會，「還有還有，你的樹心會長一種蓮根菌，把你的心吃掉！」

「喂，你是在諷刺我沒有心嗎？」

它的語氣不像在發怒，我就大膽繼續說下去。

「可也因為這種菌，蟲不敢過來你身上，既結實、又不怕潮濕、又不會長蟲，簡直就是完美建材嘛！」

「是嗎？那你們人類願意付出什麼代價

紅檜的空樹洞 ▼

能夠活那麼久，它真是令我佩服！」我又後退兩步，瞇著眼睛打量它，「現在大概值一千萬吧！所以我在這個檜山巨木步道（註）上，只要看到你這種等級的，都會雙手合十朝拜：一千萬、兩千萬……」

「呸！真是俗不可耐！」看來我好像拍錯馬屁了，「那只是站在你們人類自私的觀點。我得被你們砍下來、送了命才有價值，那算什麼？」

一番話說得我面紅耳赤，趕忙開口，「像你們這麼大、這麼老的樹很稀有啊！只有美國、日本和臺灣才有，而且已經所剩無幾了。」

「哼，知道就好。」看它口氣和緩了，我趕快在腦海裡尋思自己還知道些什麼。

「其實我最佩服的，是你們能活那麼久，一般的生物壽命不過幾年、幾十年，最多一兩百年吧，你們卻能活到千年以上……」我閉上眼睛，想像雄偉巨大的檜木林，要經歷多少狂風、暴雨、地震、山崩、森林大火、病害蟲災，以及殘忍、毫不留情的人工砍伐。在孔子的時代、武則天的時代、蘇東坡的時代就活著了，見證這幾千年的興衰起落、滄海桑田，它們什麼都見過了，什麼也瞞不了它們，「其實我剛才是開玩笑的，我看到巨木群的時候，都是合掌膜拜，嘴裡唸著一千歲、兩千歲、三千歲……一直到萬歲的！」

「哼，巧言令色。」果然是經歷過孔子的時代，它還會使用論語裡的句子呢！「能夠活那麼久是不容易，除了堅強的生命力，也得有僥倖的成分，像我那些同伴……」我看一眼它身邊一棵巨大的樹頭，活生生就是被人類無情斬殺的見證。

「不好意思，那時候我們生活還窮嘛，想說把這些大樹砍了、賣到國外去，可以賺錢改善生活……」我試圖解釋那個「以柴換財」的懵懂時代，卻引起它的訕笑。

「砍樹不要緊，樹的好處就是可以再長出來，不是很多國家都有林田的規劃嗎？把樹當成糧食一樣的採收、種植，就不愁沒有樹可用了。」果然是見多識廣的老者，它好像什麼都懂，「問題是，砍了檜木之後，你們種什麼？」

「種……種杉樹。」我好像當場失風被逮的小偷，不公平！但也沒辦法，誰叫我現在是人類的代表，而且是唯一的代表呢？我有點後悔讓瓦幸傳授給我這個「特異功能」了。「那也沒辦法啊，檜木長得那麼慢，起碼要九十年才能收成吧？誰等得了那麼久？」

「所以說你們人類短視近利呀，砍掉的樹，尤其像我們這麼悠久的大樹，是再也無法種回去了……」它好像在為

▼ 倒掉的檜木

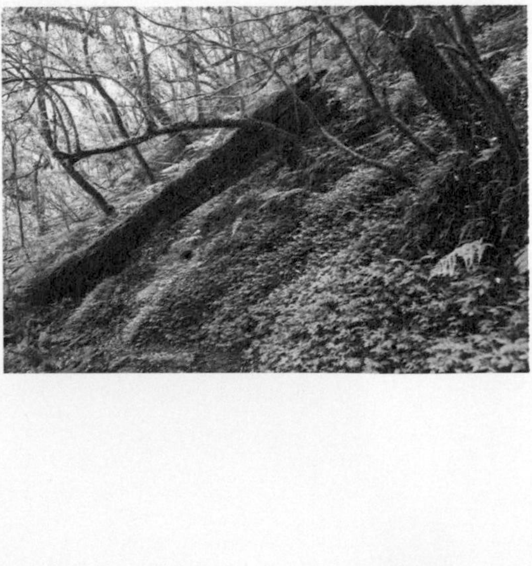

身邊一個個枉死的同伴黯然神傷。

「不會啦，你看這些大樹雖然身體被砍了，但有些二代木、三代木又在它們身上長起來，也是生生不息呀！而且它們的根仍然緊緊抓住山裡的泥土，幫我們守護著這一大片美好的山林，它們……雖死猶生！」我現在不擔心講得太艱深了，這位老先生學問比我大得多。

「算你會說話。但是以前你們人類都稱我們叫神木，什麼阿里山神木、拉拉山神木，為什麼現在都改叫巨木而已？把我們降級了嗎？」

「不是、不是，」我得趕快挽救破裂的關係，「在我們人類來說，死了的才會變成神，那像你活得好好的、說不定會再活上幾千年，叫你神不等於在詛咒你早點死嗎？所以……」

「其實名字不重要，」它嘆了一口氣，整個山林為之微微震動，「重要的是你們人類到底有沒有學會樹木到底有多重要？」

「有啊、有啊，我們以前伐木、現在造林，不就是一種進步嗎？」

「造什麼林？大自然是哪一個不知輕重的生物可以造得出來的嗎？像你們造的那些人工林，單調又死板，都是同一種樹，就只有同一種葉子、花、果，就只能養活種類很少的昆蟲，也只有很少的小動物和鳥類能在這裡找到食物，根本就是一片死寂、毫無活力。」

「是是是……」我點頭如搗蒜，態度有夠恭敬，「所以自然最好就讓它自然，該長什麼就長什麼、該怎麼活就怎麼活，我們人類最好不要多加干預對不對？」

「那當然，世界本來就是這樣形成的，人類如果妄自尊大想扮演造物主，那是會自食惡果的！」它好像已經下了結論，或是講得累了，忽然許久不再出聲，把我丟在一大片檜木樹影的籠罩下，不知所措。

「紅檜爺爺，我可以再問一個問題嗎？」

它又呵呵的笑了，有如遠方傳來的雷聲，「我比你老多少代呀？叫我爺爺表面上是尊敬，其實是占我便宜……」也不等我辯駁，它又自顧自的說了，果然是老人的作風，「問吧，最後一題，天快黑了，我要休息了。」

「我是想問，有時候，你……你會寂寞嗎？」

整個山林裡只有風吹過樹梢的沙沙聲，一隻提早出門的貓頭鷹「吁、吁」的叫著，四周逐漸暗淡，我只能看見枝椏間微微的天光，好像老紅檜已經閉上了嘴巴，不想再跟我這個不知天高地厚的小子交談了。

「也會呀，這世上我認識的，都早早就不在了。」它的感嘆果然如我所料，「但是你知道我，還有我們另外四位（按：檜山巨木共有五棵），是怎麼僥倖活下來的嗎？換我問你最後一題。」

「你們呀，」我抬頭看看它鋪滿天空的樹冠，又低頭看那盤根錯節的根部，「我的印象裡只要是被稱為神木或者巨木的，不是長得歪歪斜斜的、就是樹幹分岔的，好像很少是端正完整的……我知道了！沒有……」

我緊急剎住了「用」字，否則不知又要被教訓多久，它卻開口了：「沒錯，對你們人類沒用的，就可以活得長長久久。」

天色已經全部暗下來了，四周什麼也看不見，我只聽到最後一句語重心長的勸戒，也可以說是警告：「如果你們人類停止『用』這個世界，所有的生物應該都可以活得長長久久吧？你說呢？」

我無言以對，在黑暗中靜默著，回想這原本充滿趣味、後來卻變得過於沉重的對話，會不會所有的生物，其實都想跟掠奪了地球大部分資源的人類這樣說呢？

下次再要找生物「溝通」，我一定會挑輕鬆一點的話題。

（註）檜山巨木步道：位於雪霸國家公園觀霧遊憩區，全長四公里，沿途可眺望五指山、鵝公髻山，是舊林道與獵徑結合而成，植被豐富，林相繁茂，夏秋之際可見黃花、紫花、隸慕華三種鳳仙花同時盛開，步道末端有五株千年巨木供人瞻仰，起霧時尤其景色迷離，令人神往。

▼ 檜山巨木

(圖片提供/雪霸國家公園管理處　攝影/黃德雄)

雪霸的點點滴滴

很順利、又有點惆悵的錄取了雪霸解說員後，很快就發現不用高興得太早，因為我們被錄取的是「試用解說員」而非正式解說員。

試用多久呢？試用一年。如何試用呢？就是在一年內，要有十次的經驗：帶著遊客去走國家公園內的步道，而且向他們講解沿路的自然生態。如果十次都成功了，一年後才能成為正式的解說員。

你以為帶遊客走步道很容易嗎？先想想看這兩、三公里內有多少的植物、昆蟲、鳥類甚至動物，你都要一一認得，還要向遊客解說他們的特色習性種種，談何容易？如果是飛過去的鳥，你還可以說「啊，飛走了，下次早點告訴我」；如果是葉子上自己不認識的昆蟲，還可以偷偷把它撥到地上；但是對於滿山遍野開的一朵朵花兒，難道你要搶先一步、一朵一朵把它們踩碎嗎？那是不可能的事，所以也就成為最嚴苛的考

驗。

我們受訓時曾經跟過一位植物老師，他走在隊伍最前面，對於路上看到的樹木花草如數家珍，每一樣都說得清清楚楚，簡直就「萬能」的不得了。

事後我偷偷問他：「老師，請問我要花幾年的努力，才能有你這樣的本事？」

他笑笑的說：「這一點都不難啊！」

我繼續追問：「怎麼不難？就連路邊的野草，你也沒有一種不認得的，那一定要下很大的工夫吧？」

他把我拉到一邊，小聲的說：「其實你有沒有注意，我都走在隊伍最前面，你覺得是為什麼？」

我說：「是呀，為什麼？」

他更小聲的說：「因為這樣，我才能把自己不認識的花草，在你們看到之前，就把它用腳踩掉。」

我相信他一定是開玩笑的，但我那時候沒想到有一天，我也學到了至少有他一半的功夫。那是因為我自從錄取為試用解說員後，就想辦法在雪霸裡待了整整一個月（一般沒有勤務時，是不能在管理站住宿的），每天一大早出門去看所有的樹木花草、昆蟲鳥類，對照手上的圖鑑認識它們，傍晚回來後，再一筆一筆畫下它們的樣子，你現在讀的這本書中，〈幫小鳥們畫畫像〉系列四篇裡的鳥類畫像，就是我親手繪製的。

為什麼一定要用畫的呢？因為若你只是看過，一下就會忘了，就算拍照也不會有太深的印象，但如果親筆去畫，即使只是照著圖片或相片畫，也會很清楚知道它的線條、結構和色彩。就好像你如果幫一個人畫過像，就一定不會忘記他（她）的樣子。

皇天不負苦心人，我終於有勇氣帶隊解說了。

6 我「意外」救了一隻蟲

雖然可以自己捲葉子把蛋保護在裡面，
但也保不住每一顆蛋，
也不是捲的每一片葉子都能算得準在寶寶出生時枯落。
活命不容易。

一口氣爬上一個陡坡，我手扶著一棵松樹正在喘氣，卻發現大約肩膀高度的地方，樹皮上有一隻蟲，還沒看清它的長相，卻又縮了回去，難道把我當成敵人了？

「出來、出來，我不是敵人……」我溫柔的對它說著。果然它的頭又露了出來，卻猛地縮了進去，我靠上前去瞇著眼睛細看，原來它藏身在一個小小的洞裡，而身後還有幾隻看似凶狠的螞蟻在追擊它——原來它進進退退，不是在怕我，而是被螞蟻在裡面拉住，掙扎著想逃出來……對這場小小的生死拉鋸戰，我該持什麼態度呢？

我想起《DISCOVERY》頻道的攝影記者說過，看見獅子凶猛獵殺柔弱的小羚羊時，即使再不忍心，我們也不能干預大自然，那是它運作的法則。

話是不錯啦！但見死不救，對自己的良心也說不過去，再說只是一隻小小的蟲而已，再說螞蟻很厲害一定找得到別的食物、再說也沒人看見……不容猶豫了！我伸手輕輕捏住那隻蟲，很快從螞蟻嘴中救出它，然後帶者它快步離開現場。我領

會捲葉的雌捲葉象鼻蟲▼

不捲葉的雄捲葉象鼻蟲▼

教過螞蟻的智慧和口才，可不想留下來和它們辯論為什麼搶人家的獵物。

走了好長一段路，我坐在枯木上喘口氣，這才緩緩舒開虛握的手掌，把那隻死裡逃生的蟲放在一叢草葉上。

雖然從未正式見面，我卻一眼就認出它來了。它那長長的、就像象鼻子般的吻部，不是象鼻蟲還有誰？再加上背上的翅膀，還真像一隻超級縮小版的小飛象，我忍不住為它滑稽的模樣笑了出來。

「笑什麼？差點被螞蟻吃掉很好笑嗎？」它也喘過氣來了，開始對我抱怨。

「不是、不是，」我還是止不住笑，「我知道你是象鼻蟲，只是沒想到……還真的很像象鼻子呢！」

「哼！那是你們人類的短視，我的歷史比大象早多了，你們為什麼不把那些象叫作蟲鼻象呢？」

看來昆蟲類個個能說善辯，我還是少惹它為妙，即使有救命之恩也一樣，「對、對、對，只是你為什麼會掉到那個洞裡、被螞蟻追殺呢？」

「唉，說來話長，」它好像餘悸猶存，緩緩道出驚險的過程，「我們不是最喜歡吃松樹的心嗎？所以在樹皮上咬了一個洞鑽進去之後，我還會分泌汁液把洞口封起來，這樣就沒有別人知道我在裡面，可以大吃特吃了！」

「是呀！那螞蟻又怎麼發現你的？難道它們剛好也在裡面？據我所知，螞蟻應該不吃樹心吧？」

「沒想到那松樹還真狡猾，它的樹皮不是原本就裂成一塊一塊的嗎？我把洞補上了它雖然沒辦法打開，卻又讓那塊我躲在裡面的樹皮單獨掉下來……」

「哇！樹皮一掉，那個洞不又露出來了？」

「就是啊，結果螞蟻就發現我、跑進來獵殺了！差點送了我一條小命，真是好險。」

「那你是不是該感謝我的救命之恩呀？」這下我逮到機會了，跟它討個人情。

「有什麼好謝的？我吃松樹心是為了活命，松樹自己會掉皮也是為了活命，螞蟻來吃我還是為了活命，就看誰成功囉！關你什麼事？你抓我該不是為了活命、要吃我吧？」

「沒有、沒有，」雖然以前因緣際會也吃過不少昆蟲，但這一點最好不要讓它知道，「那至少……大家做個朋友嘛！讓我看清楚一點……」我蹲下靠近看它，那長長的口器看來是可以咀嚼的，算來它是一個「素」食者囉！

兩個硬硬的翅膀應該是所謂的鞘翅，就像金龜子一樣，轉化成硬鞘應該不能用來飛行吧！我輕輕撥弄一下，果然看到

松樹樹皮▲

膜質的下翅收在下面，一對硬翅保護一對軟翅，它也算是演化——或者照它自己的說法——活命的成功者吧！

「看夠了？那我走囉！」它搧動起雙翅，六腳騰空。

「等一下嘛！我還有些問題請教你。」

「什麼問題？我懂的可不多。」它又收回了雙翅，落回草葉上，抬起它可笑的「象鼻」向著我。

「我想問你啊，像你吃松樹心，它就用掉皮來對付你；那你們吃草，草有什麼辦法逃得掉嗎？」

「它們……就裝病啊！不過這一招用了幾萬年，效果也不那麼好了，像長黑斑的火炭母草，也有一種紅邊黃小灰蝶會在上面產卵，才不管你病不病呢！」（註）

「那有些葉子長得缺缺角角的、看來就像已經被蟲咬過的樣子，會不會躲得過呢？」

「多少有點用啦，不過要是沒什麼選擇，管你葉子長成什麼樣子、看來有沒有被吃過，大家還是照啃不誤！你看！」它慢慢在草叢中爬行，一路看過去，確實有許多葉子被咬得坑坑洞洞，有些只剩下葉脈的痕跡，有些則像被剪了一個洞一個洞似的。

它爬到一片葉子上，上面有兩、三條彎彎曲曲的條紋，由小漸大，「這是潛葉蟲幹的！我最佩服它了，它不是把蛋下在葉子上面，而是葉子裡面，所以孵出來的小蟲安全得很，慢

▲ 潛葉蟲

慢吃、慢慢長大、慢慢爬……然後就『條！』鑽出去了，成功！」

我看著那些枯褐色的條紋，彎彎曲曲，既不在葉表也不在葉背，真的是「潛」在「葉」子裡面，隨著幼蟲咬嚙的痕跡越來越粗，表示這蟲也漸漸長大了，多麼清楚明白的一部小蟲求生史啊！真是太有趣了。

看起來比較可怕的反而是一些葉子會腫起來、捲起來，表面上好像長了許多瘤似的，看起來就讓人有些毛毛的，我知道這叫「蟲癭」，但不知是誰主動造成的。

「那這些葉子呢？那麼噁心，你們看了一定沒胃口吧？」

「什麼沒胃口？那就是我們蟲類咬的啊！」

「你們幹的？那幹嘛咬成這個醜樣子？」

「不是我們咬成這樣，剛才不是講大家都要活命嗎？我們咬了它，它就分泌出一些怪東西，」我心想它說的是「化學物質」，趕忙點點頭，「把葉子變成這樣，有黃綠色的、粉紅色的、咖啡色的，有的像小珠子、有的像小草莓，也有像一大堆小石頭的，反正就要讓我們不想咬就對了。」

「那你們到底吃還不吃呢？」

「我們……將計就計呀！哪裡沒有草吃？既然你緊張到長成這樣，我就順勢把蛋下在裡面，正好保護我的小孩不被看見，而像它變成這麼醜的樣子，大概沒有人要吃它，也就不會順便把我的小孩吃掉，等我的小孩孵化出來，哼！照吃它不誤！」它說得得意洋洋，高高舉起了長長的「象鼻」。

「那會不會有的葉子故意製造假的蟲癭，讓你們以為已經有人在裡面下蛋、它就逃過一劫呢？」我真正好奇的在這個部分。

▲ 象鼻蟲捲葉中

蟲癭 ▼

「這個……」它偏著頭想了半天，「我自己是沒見過啦，不過聽說雲杉末端的葉子，好像會變成枯褐色的，看起來像蟲癭，但那不是我的食物，管它呢！」

「這麼說來，會利用蟲癭的這些蟲，算是最厲害的嗎？還是剛剛的潛葉蟲比較厲害？」

它不再理我了，也許是想用行動回答我的疑問，看它小小的身子忙上忙下，竟然能把一片大它身體好幾倍的葉子捲成一個筒狀，最後還靠自己的分泌物把它黏住……我看得入迷了，根本也毋須開

捲好的葉子▲

口，這簡直是比人類建成什麼大教堂更精采的傑作了嘛！

風在樹梢輕輕的吹，水在沙間細細的流，也不知過了多久，一片捲好的葉子已掛在枝頭，它則在一旁動也不動，「你……還有力氣嗎？不是該下蛋在葉子裡？」

「哪有這麼厲害？」它聲音不小，看來雖然做完了大工程但並不太累。「捲葉子不難，難在這片葉子落地的時候，我的小寶寶要剛好孵出來。」

「嗯，」我靠近它，試著用一個昆蟲媽媽的角度思考，「葉子被你捲成這樣，水分不好進來，早晚是要枯掉的，但若枯落得太早，掉在地上時寶寶還沒孵出來，就不能即時鑽進土裡；但如果落得太晚，寶寶孵出來後還被困在葉子裡，可就有危險了……」

「所以你現在知道誰最厲害……也不能說厲害啦，大家都不容易，我雖然可以自己捲葉子把蛋保護在裡面，但也保不住每一顆蛋，也不是捲的每一片葉子都能算得準呀！」它嘆了一口氣，語重心長，「反正，活命不容易。」

▼捲葉的切面

我重新細細看了它全身一遍，一點都不再覺得它樣子可笑，反而十分欽佩，每一個生命都是如此盡心盡力的要活下去、要延續自己的基因呀！「咦？對了，那你到底打算什麼時候產卵？」我忽然想起了關鍵問題，「還是你剛剛捲葉子之前，已經下蛋了？」

「不告訴你。」它張開上面的鞘翅，撲撲動起雙翼，一下子飛到我眼前的高度，可愛的長鼻子正對著我，「不管怎麼說，今天如果不是你，就沒有這個孩子。」

我還沒有反應過來，它已經「咻！」的一下飛進密林深處，再也看不見一絲蹤影。天色逐漸暗淡下來，而許許多多生命的祕密，也逐漸的被無邊的黑暗覆蓋住了。

象鼻蟲偷偷告訴我

其實要「算」捲起的葉苞什麼時候掉是很不容易，所以有一種棕長頸捲葉象鼻蟲乾脆自己切斷葉苞。也有些葉苞是不會掉落的，幼蟲會從裡面吃葉子，一層層吃出來，把「搖籃」吃完，也就可以準備結蛹、羽化了。

註：詳見《苦苓與瓦幸的魔法森林》中〈長黑斑的媽媽〉。

雪霸的點點滴滴

其實帶隊解說最怕的就是被遊客問：「這是什麼？」如果約略知道，還可以模糊帶過；如果完全不認識，看著一整隊人疑惑而期盼的眼光，真會教人啞口無言、不知如何是好。

所以當解說員在步道上，第一次被人問到自己不認識的植物時，就會說：「噢，那個啊，那個叫山發啊（閩南語）。」

遊客一定會追問：「什麼是山發啊？」

「就是山裡面發的啊！就好像水裡面生的，就叫水生啊。」

就算這樣矇混，也不一定能夠過關，因為很可能過了不久，你又碰到一種不認識的植物，又被人家問：「這是什麼？」

這時候就要拿出第二招，說：「這個是待查。」

遊客似懂非懂地問：「代茶？原來有這種茶喔？」

「待查，就是等待我去查啦。」

可是步道如此「漫長」，終於還是有第三次被問「這是什麼？」而答不出來的時候了，這時候解說員就會沒好氣的說：「這是豬問草。」

什麼是豬問草？很簡單，就是豬才會問的草——

開玩笑！誰敢這麼說？所以解說員都要先背一句話：「植物有二十七萬種。」植物有二十七萬種、植物有二十七萬種……不是因為很重要，所以要說三次，而是有一天當你在步道上，真的被問到一種完全不認識的植物時，你就不能再嘻皮笑臉，你要很認真、很嚴肅的說：「植物有二十七萬種，雖然我已經很努力了，但畢竟沒有辦法每一種都認得……你問的這一種，我剛好不認得，但既然你有興趣，」然後馬上蹲下來用手機拍照、用筆記本記錄，「我保證回去以後，一定查出來告訴你，請你給我你的email……噢，你沒有email？那好，再見。」

事到如今，地球上的植物據說已經發展到三十萬種了，不過這個「保命」絕招依然有效，是所有解說員的必備良方。

7 與蚊子媽媽初相逢

野外本來就是我們生活的地方，
你們人類不能跑到這裡來，
卻說我們不應該存在、要消滅我們，
那也太霸道了吧？

眼皮越來越沉重，意識也越來越模糊，我正要朦朦朧朧的進入夢鄉，耳邊卻出現了極細緻、極尖銳的嗡嗡聲——我一躍而起！又是它！那隻死蚊子！昨晚在房間已飽受它的肆虐，讓我一夜輾轉難眠，老覺得腿部這裡癢那裡癢，早上起來一看，果然是幾個又大又紅的包，想到自己的鮮血就這樣被吸去，還要忍受好一陣子的搔癢，就不由得怒火中燒。夥伴看見我還關心探問：「怎麼了？不開心嗎？」害我有口難言的這傢伙，今晚又再度來侵襲，這次絕不輕饒它！

我打開電燈，眼觀四面、耳聽八方，留意這小傢伙的動態，果然發現它在我眼前飛來飛去，確定不是飛蚊症作祟之後，我雙手用力一拍，「啪！」的一聲在深夜裡聽來特別刺耳，我緩緩張開手掌，卻不見預期的蟲屍或血跡，只有自己錯亂的掌紋，反映我混亂的心情。

不行！「除惡務盡」，決不能輕易放過這個「凶手」。我聚精會神，發現它正停在窗邊的牆上，細長的四肢……不，六肢，和尖尖的長嘴，看起來就像一架高效率的戰鬥機，卻不知已被我鎖定……

「噗！」的一聲我一掌拍在牆上，沒看見它逃逸的身影，這回應該是被我「殲滅」了。我收回手掌一看，仍然是一片粉白的牆壁，毫無「戰績」可循，實在是令人氣餒的一場人蚊大戰呀！

不行！我暗自惕厲自己，一定要振作起來，否則今晚再睡不好，明天的山徑一定更沒力氣走了。我挽起上衣的袖子，正準備大開殺戒，卻聽到細細的聲音：

「不要殺我！」

我嚇得退坐在床沿，這是生平第一次有「人」這麼對我說，那我豈不成了凶手？愣了一會，才想起我現在能和生物溝通，是這隻蚊子在跟我求饒吧。

「為什麼？難道讓妳白白吸我的血？」我一邊質問著，一邊觀察到它正停在桌上馬克杯的邊緣。

「其實……」它猶豫了一下，好像發現我知道它的行蹤似的，「其實我是吃素的。」

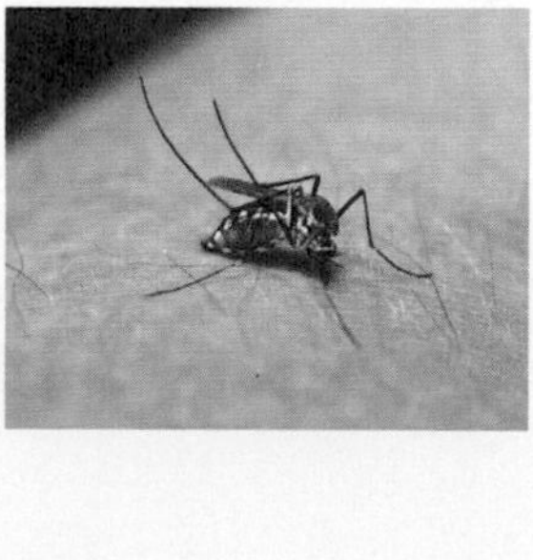

「哈！」我故意誇張的大笑，「妳懂得什麼叫吃素嗎？吃素是只吃植物耶！你明明吸人的血……」

「我是說，一般蚊子都是吃植物的，真的。」它實在太小了，看不清表情，不過它的語氣聽起來倒很認真，又有點著急。

「騙笑也（閩南語：亂講）！如果妳真的吃素，為什麼還想叮我、吸我的血？」我一邊質問，一邊悄悄挪動身體，打算如果一言不合，就不給它逃走的機會。

「你知道，只有母蚊子會叮人吧？對不對？」它倒是不再警戒了，停在杯緣動也不動，耐心的跟我說。

「這……對啊，應該是。」

「那就是啊！我們蚊子一般都是吃素的，只有懷孕的母蚊子為了增加營養，才會去吸動物的血。」

「啊……是這樣？」我恍然大悟，又半信半疑。

「其實不少昆蟲都跟我們一樣，只有在孕育下一代、需要更多蛋白質的時候，才會冒險去吸血……」

它竟然說「冒險」？是啊，如果只有吸植物的汁液，是絕不會引來「殺身之禍」的；換句話說，當一隻蚊子在叮我時，其實……

「其實是一個偉大的母親，」它好像知道我在想什麼似的，「為了那麼多的孩子們，冒著自己生命的危險，向你借一點點血而已。」

我的腦中忽然冒出「捐血一袋，救人一命」的標語，是啊，連二五〇西西的血都不吝惜了，又何必在意小小的蚊子媽媽能從你身上「借走」多少血液？

「不對！」我搖搖腦袋，提醒自己別中了蚊子的苦肉計，「如果妳只是借一點血就算了，可是叮得我好癢、睡都睡不好，這樣對待債主，太不夠意思了吧？」

「叮你會癢，正是我們的一番好意。」

「妳說什麼？」我正要熄滅的怒火又被點燃了，「妳把我搞得奇癢難耐、一夜不眠，這叫

一番好意？」

「對啊，」它倒是毫不緊張，仍然細細、緩緩的說著，「我也可以在叮你的時候不分泌化學物質，讓你不但不癢，還不知不覺，像水蛭（俗名：螞蝗）那樣……但就因為你會癢，所以才知道被我叮了，才知道掛蚊帳、點蚊香，做一些防護措施。如果你都不癢，我就可以一直叮一直叮……」

我不由得起了一陣雞皮疙瘩，想像自己睡在床上整夜被蚊子不斷叮咬的樣子，全身的血就算被吸光了也不會察覺，這才開始思考起它的「善意說」了。

「而且因為會癢，你才會找藥膏來擦，不讓被叮的地方發炎、感染，這不也是一番好意嗎？」

沒想到一隻蚊子叮人可以叮到如此理直氣壯，我幾乎無話可說了，難道真的大發慈悲讓蚊子媽媽吸飽我的血好養育下一代嗎？它好像覺得自己說服我了，從馬克杯上飛了起來，慢慢的靠近我……

「不對！」我用力揮動手臂，嚇得它又退了回去，「可是你們會傳播疾病呀！我幹嘛讓妳叮、不殺妳？」

「唉，」它嘆了一口氣，一副「有理說不清」的口吻，「拜託哦，那

水蛭（螞蝗）▼

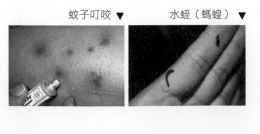

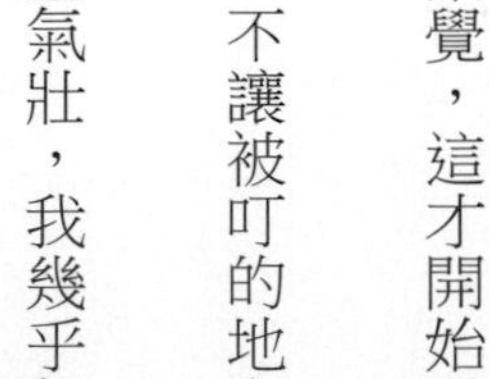

蚊子叮咬▼

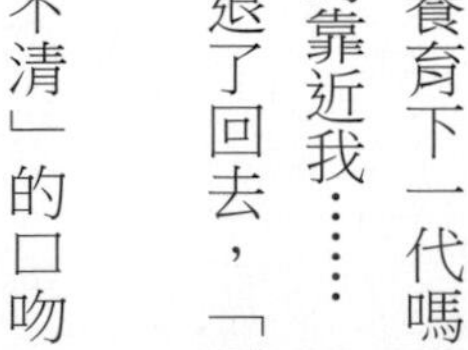

是你們的病又不是我的病，我怎麼知道我叮的對象，哪一個有什麼病，又怎麼知道會把什麼病傳給哪一個？要是你們自己沒病，我怎麼傳播？」

我一時語塞，看來是碰見「有史以來」口才最好的生物了，我得小心用詞、一次把它駁倒才行。

「而且你住的地方有蚊子，本來就是你的恥辱。」

「妳說什麼？」我再也忍不住了，兩手大張準備來個致命的撲擊，「妳跑來叮我，還說是我的恥辱？」

它看我真的動怒了，急急飛到桌子下面，卻不放棄跟我講道理，「別生氣嘛！我的意思是說，如果是蚊子在你的家裡，那是因為有汙水，有汙水我們才能產卵、生育後代，所以是你家不乾淨才有蚊子的，那不是你的恥辱嗎？」

我還沒回嘴，它又再接再厲，「就像你家如果有蒼蠅，你不是也覺得丟臉嗎？那至於野外，本來就是我們生活的地方，你們人類不能跑到這裡來，卻說我們不應該存在、要消滅我們，那也太……霸道了吧？」

我總覺得它強詞奪理，又實在說不過它。

「如果實在不願意被我們叮，那也可以做一些防護措施，蚊帳、蚊香、防蚊液都好，沒必要殘害一個無辜的小生命吧？」它越說越入情入理了，簡直讓我無言以對。

「好吧好吧，這就算了，那下次蚊子叮我，我該怎麼辦？」
它小心翼翼的飛過來，輕聲探問：「我……可以相信你嗎？」
「可以啦！我就說不殺妳了，人格保證！」
它這才飛近、停在我的手臂上，並沒有把細長的尖嘴刺入我的皮膚，我把手臂抬高，「再來呢？」
「你可以……輕輕吹一口氣。」它的聲音好溫柔，使得我也變溫柔了，輕輕對自己手臂一吹，它果然就飄開了，「你看！我就走了，你可以開始做防護，我也會去找別的對象餵飽我的孩子，不是兩全其美嗎？」

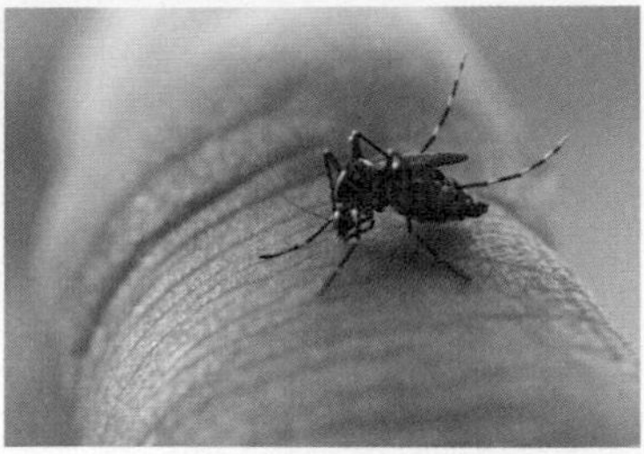

還兩全其美咧！我真是又好氣又好笑，看著這隻智慧與口才兼具的蚊子漸漸遠離我的視線，忽然覺得眼皮又沉重起來、意識也變模糊了……或許是高度緊繃後的放鬆吧，我迷迷糊糊的進入夢鄉……

在夢裡，我和幾位法師在廟裡用素齋，忽然一隻蚊子停在我的臉上，我不假思索「啪！」的一聲打在自己臉上——只見在座所有的師父，都不約而同放下筷子，一起雙手合十，唸道：「阿彌陀佛。」

我猛然驚醒，才發現自己是在山莊的房裡，四周早沒了那隻蚊子的蹤影。它到底真的來過、和我交談過？又或者那也只是一場夢呢？

我腦袋渾渾噩噩，再也搞不清楚了，只想到自己這一生中，不知輕率的打死了多少蚊蠅、隨手捏死了多少螞蟻，那不也都是一個個活生生的、應該被愛惜的寶貴生命嗎？

唉，可愛又可恨的蚊子媽媽，我真不該遇見妳，更不該和妳談話。

雪霸的點點滴滴

當解說員的，除了最怕被人家用「這是什麼？」問倒之外，還有一點常常擔憂的，就是在帶隊解說時，遊客人數越來越少，從二十個（這是規定的人數，當然多一點或少一點也沒關係）漸漸變成十幾個，甚至到六、七個……本來以為是山路太陡（不會啊！給遊客走的步道都滿平坦的），或是天氣太熱（不會啊！到處都是樹蔭遮頂），還是自己走得太快（不會啊！每隔一陣子就停下來解說，同時也可以等落後的人跟上），但是不管走得再慢、拖得再久，遊客人數還是一路往下降，一條步道走到最後，甚至可能只剩一個人還在你身邊。

這時你心懷感激、很誠懇的說：「這位先生（或小姐），你對大自然很有興趣喔？」

結果他（她）一臉無奈的說：「我是這一團的導遊，我不好意思走。」

換句話說，其他遊客都在你努力解說、不知不覺中，一個個離開了。

為什麼會這樣呢？那是因為大多數解說員都學了滿肚子的自然生態知識（想想我們那兩週超密集的訓練，以及之後陸續舉辦的進階課程），恨不得要一股腦的都教會遊客。

所以他們就算看到一朵小花，除了介紹名稱，還會滔滔不絕地說：「它是某某科，二年生草本植物，輪狀花序，雄蕊一枝，雌蕊五枝……」好像在上生物課一樣。問題是遊客是來玩、來放鬆的，誰想要在這麼美麗的風景裡上課呀？

但是也不好意思說自己不想聽，於是就趁大家不注意的時候，偷偷脫離隊伍（通常還會找個伴一起溜走），這裡走一對、那裡走兩個……走著走著，原本二十個人的隊伍就稀稀落落的，在山林步道裡逐漸消失了，只剩下這個團體的導遊和熱心過度的解說員，面對面尷尬的站在一起。

這真是臺灣人的好修養呀！

以上這句話，完全沒有諷刺的意思，因為遊客來到國家公園，竟然可以有免費的自然生態解說，當然樂於接受。但是沒想到解說內容是自己毫無興趣的，這時候總不能跟解說員說「你說的不好玩」「我根本不想聽」，既要顧及解說員的情面，也不好破壞大家的興致（搞不好有人聽得津津有味呢！），於是就在不驚擾別人的情況下悄悄地離開隊伍，其實這是很貼心的做法，所以我說這是很好的修養。

你如果不以為然，那我們就來找一個「對照組」吧！

有一位解說員帶到一團中國遊客，才走不到幾步、講解沒多久，就有人大剌剌地說：「別聽了、別聽了！」「無聊死了！」「走吧走吧！」然後不由分說、一鬨而散，留下一臉錯愕的解說員，站在瞬間變得空蕩蕩的步道上。

所以我說，比起中國遊客的直接坦白、不留情面，半途偷偷溜走的臺灣人真的是好修養，這下你相信了吧？

不過這也不能怪遊客，就像我以前教書的時候，絕對不會怪學生上課打瞌睡或不專心聽講，因為如果你講得好、講得精采，哪一個學生會不認真聽呢？就算不小心睡著，也很快會被大家的哄笑聲驚醒——這才是說話的「王道」吧！

一隻小山椒魚的告白

8

威脅？那可多了！優養化、開墾、開路、土石流⋯⋯
幾十年前你來森林裡，隨便在路邊都可以看到我們，
哪像現在，互相見一面都不容易。

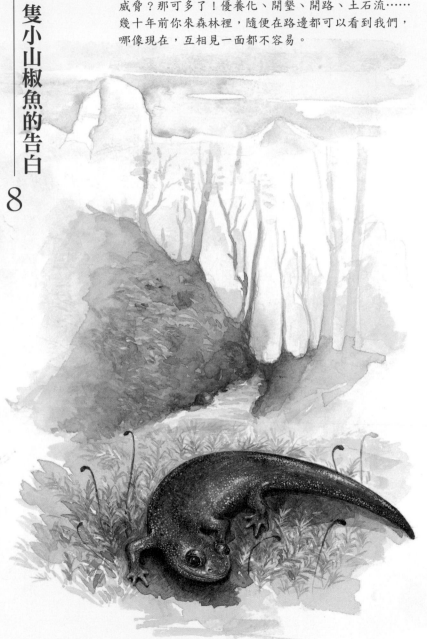

喂……喂……是我，我在這裡。

我知道你有聽到我，對，就在這邊，你腳下的山徑旁邊，這一片碎石坡，有水流過的，還有一堆堆落葉，再過來一點……對，就是在你腳前面這塊扁平的石頭，把它翻起來！對了！答拉——看見了吧？

不要怕，我不是蛇，不會咬你的。遇見我是你的福氣，可沒有幾個人見過我呢！

什麼？你問我是哪一種蜥蜴？你嘛幫幫忙，蜥蜴是爬蟲類，身上有鱗片保護的，我要靠皮膚呼吸，是沒有鱗的；還有，爬蟲類的卵有羊膜，是體內授精……唉，算了，「講到你懂，嘴鬚會打結」（閩南語，比喻對方無法理解），反正我不是攀木蜥蜴、也不是石龍子，都不是好不好？

你說我有點像壁虎？也許吧，可壁虎也是爬蟲類……好啦，簡單講，它是乾的，我是濕的；它動作很快，我很慢，這樣總了解了吧？

你蹲下來看我了？沒關係，你可以再靠近一點，我像縮小版的娃娃魚？哈！這還差不多。

觀霧山椒魚▼

在中國，娃娃魚叫「大鯢」，我叫「小鯢」，是一家子沒錯，你算有點開竅了。蠑螈？嗯……也可以這麼說啦，我們算是表親吧！要說像，就屬它跟我最像了，不過它們通常顏色鮮豔一點，也就是……你知道，毒一點啦！基本上美洲有蠑螈，大陸有蠑螈和山椒魚，臺灣就只有山椒魚啦！

▲ 大陸蠑螈

你要叫我臺灣蠑螈，勉強也可以啦，要叫我臺灣小鯢也OK，不過我的正式名稱是「山椒魚」，初次見面，你好、你好。

沒錯，我是兩棲類，如果說相近，青蛙還跟我比較近呢！這樣說吧，青蛙小時候不是蝌蚪嗎？我們也差不多，但是青蛙的蝌蚪長出四肢、尾巴沒了，到陸地上一跳一跳的；而我們的幼體也長出四肢，尾巴卻留著，到陸地上用爬的；沒錯，我們是有尾目，它們是無尾目，兩棲類就是我們兩家為主啦！

我不是魚為什麼叫魚？喂！有沒有搞錯？是你們人類這樣叫我的耶！八成是看我們小時候在水裡游來游去，你們就以為是魚了吧！鯨魚、海豚也不是魚，你們還不是把它們叫作魚，還好意思批評我呢！

對嘛！你懂得道歉就不錯。其實最先這麼叫的是日本人，他們覺得我身上有一種芸香山椒的味道……是吃的還是聞的味道？我怎麼知道？你靠近點聞聞我有沒有味道？沒有嘛，那可能是吃起來……喂！你嘴巴張那麼大幹嘛？真的想吃我呀？

誰說我不能吃？中國人自古說我很有療效的，在雲南、四川那些地方，聽說到處賣什麼雪山小鯢乾呢！也有臺灣的原住民用生吞的。有什麼效果？誰知道呀！反正越稀罕的東西你們人類越愛吃不是嗎？還萬物之靈咧，根本就是萬物之禍害。

好啦！你不要一臉羞愧的樣子，我又不是說你，反正積非成是，你們也就跟著這樣叫山椒魚叫習慣了，而我是臺灣五種山椒魚裡的老大——觀霧山椒魚。

哪五種？怎麼分？這個我看就不勞你費心了，以後有機會你見到它們再細細辨認吧，不過我們五種小時候都長得一樣、長大之後只有我還維持原樣，它們的變化都滿大的，也可能它們要在比較高的地方生存，為了適應環境和食物會有一些演化，那變動最少的我，當然就是最老的囉！

有多老？坐穩了，免得嚇到跌倒，以我們這整個物種嘛，估計有一億一千萬年，對、對，是白堊紀，也就是恐龍那個時代；若說到山椒魚這一種的出現，應該也有五十萬年了，怎麼樣？果然是老、老、老祖宗吧？

是活化石？還是孑遺？都是啊！怎麼分你知道嗎？如果維持很古老的樣子留下來的，就是「活化石」，例如銀杏，但銀杏到處很多啊，那就不是孑遺。「孑遺」是什麼意思？就是「孤獨的留下來」的意思。對了，像臺灣檫樹已經很少了，那才能叫作孑遺。例如說鱷魚也很古老，可以算活化石，但要像我這麼稀少了，才叫作孑遺，懂了嗎？

憑什麼說我有這麼老？嘿，這可也是你們人類說的，不同的化石不是會出現在不同的岩層裡嗎？你們不是研究地球大概什麼岩層是什麼時代的嗎？大約、大約啦，最少、最少，我是上一次臺灣冰河時代留下來的，八十萬年總有吧？那還不比你老、比你們人類老得多嗎？

我的價值啊，就在於證明動物是由水中生活，再跑到陸上生活的。本來在水裡不是魚類嗎？後來演化出兩棲類，就是水裡陸上都可以生活；之後再演化出爬蟲類，專在陸上生活。兩棲類就是動物上陸的最好證明，青蛙當然也是兩棲類，不過它後來進化很多。一直保持「老古董」樣子的，應該非我們山椒魚莫屬吧！

你一點也看不出爬蟲類跟魚類有什麼淵源吧？其實你看鱷魚也好、蛇也好，游水的時候左右擺動的樣子，跟我差不多，跟魚也差不多，大家五百年，呃不，五億年前是一家啦！

為什麼很少見到我？你看我既沒有鱗片保護、動作又慢吞吞的，只能選擇在晚上行動，最多是陰雨天也可以出來一下，我又都在溪流、箭竹草原、碎石坡以及森林的底層與邊緣活動，當然很不顯眼囉！剛才要不是我叫你，你一輩子也想不到石頭底下有一隻山椒魚吧！

▲ 鼠婦（球馬陸）

▲ 步行蟲

我吃什麼呀？吃鼠婦啦、步行蟲啦、蚯蚓啦，反正就是地下這些小傢伙嘛！什麼？你說我動作慢怎麼抓得到吃的？唉，就是靠守株待兔，不，待「蟲」嘛！你別小看我動作慢，動作慢就是新陳代謝慢、需要的食物就少，活下去的機會就大些。哪像你們人類這樣大吃大喝、地球的資源都被你們掠奪光了。

好啦、好啦，我不是說你啦，你吃的用的都很少啦！其實我是變溫動物，也就是你們說的冷血動物，但我不用曬太陽補充能量，也不必冬眠，這一切都拜動作慢所賜呀！

動作慢也有缺點？有啊，容易被吃掉啊！蛇當然吃我們，一視同「蛙」嘛！鳥也吃我們，那些爬來鑽去的鼠類也吃我們。臺灣獼猴？我是沒有被猴子抓過啦，有沒有同伴被它們吃過我就不清楚了……

我們當然也會自衛呀！沒有、沒有，斷尾巴是壁虎那一套，你看我這扁扁長長像個舵的尾巴，用處可大了，豈能隨便就斷？我身上有黏液呀，你可以靠近一點看，但別碰哦，更別擦到眼睛，要不然山椒可能就變辣椒了！

你在紀錄片裡看到山椒魚裝死躲過斜鱗蛇？不是裝死，只是不動而已。本來我們的溫度就低，不動就更低，蛇可能感應不到……什麼？你說斜鱗蛇沒有感熱頰窩，不像響尾蛇它們，所以這招應該沒效。不一定啊！反正動了一定被發現，不動總是一個機會嘛！那也不容易。我問你，如果有一隻黑熊過來了，你有勇氣不動嗎？

是嘛！所以除了尊敬老祖宗，我們山椒魚另一個值得尊敬的是：這麼弱、這麼慢，還能活得這麼久，不容易呀！

要啊！當然要繁衍後代，秋天一到就要準備打架了，打什麼？搶女生啊！哦，抱歉，還沒告訴你我是男的，我們公母很難分啦，大概只有在求偶的時候，那些打成一團的就可以確定是公的了。

當然是真的打！傳宗接代何等大事耶！你看我身上這些傷疤，都是這幾年搶女生的時候被打的，從四歲開始到現在，也打了好幾年。當然是有輸有贏，贏的時候就抱住母的，對、對，像樹蛙那樣，母的就會生蛋，有時候生不下來，我還得用腳幫忙它把蛋「擠」出來呢，真辛苦。

我們生的沒有魚多、也沒有一般的蛙多，大概一次兩個卵莢、五十個卵左右吧！沒找到對象的公山椒魚怎麼辦？反正是體外受精嘛，就像樹蛙一樣，人家卵莢排出來的時候，它們也趁機多少射一些精在上面，這樣至少也有幾顆卵是自己的後代呀！總比都沒有好。

對！所以這個卵莢不管是帶狀的或牛角狀的，我們公的都會和母的一起護卵，而且好幾隻一起護哦！因為……因為我剛才說了，可能大家都有分嘛！

怎麼護呀？主要是澆水，不要讓卵上面長出黴菌來，如果有壞的蛋就處理掉，免得連累其他小孩，當然也防止別的傢伙來把我們的小孩吃掉。是很辛苦呀！不過為了繼續這個古老的、有代表性的物種，再苦也是值得的。

小朋友長大的過程呀，其實和蛙類差不多，只是我們不叫蝌蚪而已。就是先長出尾巴，再長腮和前肢，之後是後肢，慢慢的腮會變成趾，三對鰓也脫落，好啦！小傢伙可以離開水，到岸上去呼吸、去爬行了！

威脅它的？那可多了！像溪蟹啦、水蠆（ㄔㄞˋ，蜻蜓的幼蟲）啦，都愛把它當點心，更可怕的是水裡的黴菌越來越多，對對，就是你們講的優養化，還有就是這裡開墾、那裡開路，沒事再來

蝌蚪 ▼

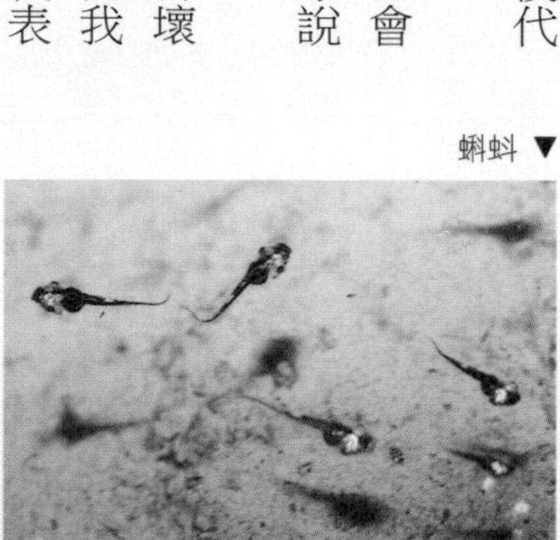

水蠆 ▼

個土石流，豈止是我們的小孩，連我們自己都飽受威脅。其實你要是幾十年前來森林裡，隨便在路邊都可以看到我們，哪像現在這樣、互相見一面都不容易。

▲ 觀霧山椒魚

壽命呀？沒有意外的話活個十幾年應該沒問題……你說什麼？你說北美蠑螈有一百多種、大陸小鯢有五十多種，幾乎到處都是，為什麼臺灣就要把山椒魚當寶貝，是不是有點大驚小怪？

吠！怎麼跟你稍微熟一點，你講話就沒大沒小了？你知道地球上到處都有山椒魚和蠑螈，但你知道臺灣山椒魚是位在地球最南邊的嗎？沒錯！就像櫻花鉤吻鮭一樣。稀罕了吧？還有還有，臺灣山椒魚還是位在最高處的！像我的兄弟南湖山椒魚、楚南氏山椒魚等等，都是生活在三千公尺上下的，我觀霧山椒魚雖然只到兩千公尺，在全世界也是數一數二的咧！

沒錯！這就見證了臺灣在冰河時期可能到處有山椒魚，等到氣候變暖之後，這些老祖先就奮力的往上爬，再想盡辦法適應高山的環境，還分別演化出五個不同的品種，成為全世界分布最南邊、也最高地的山椒魚，這不是很可貴嗎？你要說我們是臺灣奇蹟，雖然不符合我古老謙遜的本性，但也勉強可以接受啦！

好啦，天越來越亮了，我也該走了，很高興認識你，你是我第一個，或許也是最後一個交談的人類，下次見面你就知道我是觀霧山椒魚了，也有人叫我臺灣小山椒魚，或是黑山椒魚……都可以啦！我們這麼熟了，下次你直接叫我「小椒椒」就好了，至於你嘛，我就叫你小人……呃，不行不行，你是雪霸國家公園的解說員，而且聽說你們要在觀霧為我們蓋一座山椒魚館，我知道，當然不是給我住的，是要向遊客介紹我的，那你今天既然有緣認識我了，這個任務就拜託你囉！

好、好、再見，如果你們停止破壞我們的棲地，山椒魚一定會越來越多，大家越來越容易再見。拜拜囉，不要太想我……

雪霸的點點滴滴

既然遊客是來玩的，那又何必跟他們像上課一樣的講解呢？可是如果對大自然沒有多少了解，就會覺得山就是山、樹就是樹，沒什麼好看的，還要辛苦的走路（總不能下車拍照就走了吧？），所以很多年輕人或家庭寧願去人工的遊樂區玩個過癮，也不想到國家公園來。

於是我就想：要怎麼解說才會讓遊客覺得有關、有用又有趣呢？我們其實不需要他們認識各種動植物，只要把生態保育的觀念傳遞給他們，潛移默化就夠了。所以重點不在「講什麼」，而在「怎麼講」可以讓大家愛聽。

例如在山裡最常遇到的構樹，我會請遊客看看它的葉子和桑葉是不是很像，大多數人都有用桑葉養蠶（或是幫家裡小孩養）的經驗，就會有反應說「對啊，是很像」，我就再請他們分辨構樹葉子和桑葉的不同，原來一個是有絨毛、可以吸附在衣服上；

一個則是沒有絨毛，那為什麼如此相像呢？原來構樹也是屬於桑科的。

那構樹又有什麼用呢？原來桑葉可以養蠶，構樹的葉子卻可以餵鹿，所以構樹以前在臺灣又叫作「鹿仔樹」，這時候往往就會有年紀較大的遊客說：「啊，鹿仔樹，我有聽過，原來是長這樣。」

不只葉子有用，構樹的樹皮更有用，因為它的樹皮造的紙是專門用來印鈔票的，所以如果大量種植構樹，都會被編號列管。在遊客張口驚嘆之時，我就會告訴他們：「上次有一位阿伯，在我介紹完構樹之後，居然就留下來不跟著隊伍走了，我回來找他，發現他正用一把刀子在剝構樹的皮，我說阿伯你想回去印假鈔嗎？他不好意思的抓抓頭，同來的遊客都哈哈大笑。」

遊客們當場也都笑了，我再告訴他們一個笑話：「有一個人因為印假鈔被送到法院審問，法官很嚴厲的問他：『你為什麼印假鈔？』他一臉無辜的說：『報告法官大人，因為……我不會印真鈔。』」

這個可能是世界上最短的笑話，頓時引起了哄堂大笑。

榕樹與相思樹的PK大戰

9

大自然的一切為了活下去，所有競爭都是合理的，
只要不像人類這樣過度掠奪，都可以被接受……

走慣了綠意盎然的森林小徑，我對眼前這條大肚山的步道實在不太習慣，到處都是飛揚的黃色塵土，看起來十分乾涸，雖說有一條小溪，但根本滴水不見；錯落在黃土間的，是一顆顆巨大的卵石，看起來就覺得十分貧瘠；既沒有什麼茂盛的綠草，除了爬山者勉強種植的一些九重葛、日日春，在步道兩邊林立的，大概就只有榕樹和相思樹，這兩種平凡無奇的植物而已。

「你不要小看我！」忽然傳來的聲音嚇了我一跳，我已漸漸習慣能聽見植物的聲音，但它們連我心裡想的都知道，這未免有點可怕吧！

我東張西望，是左邊的榕樹、還是右邊的相思樹在說話呢？「也不可以小看我！」這下明白了，兩個人，不，兩棵樹都有意見，我正好一次解釋清楚。

「沒有沒有，我是在想：這麼貧瘠乾旱的地方，別人都活不了，你們二位都長得這麼好，真不容易呀！」

「是嗎？」榕樹的根鬚左右擺動，相思樹的葉子也跟著搖晃起來，「這還差不多。」

我吁了一口氣，坐在步道邊的木椅上擦擦汗、喝口水，心想不妨就此問個明白，「我想知道的是，你們二位有什麼條件，可以在這種艱困的環境下求生呢？」

「你問這個幹什麼？」「對呀，是不是想在這裡種什麼、把我們取而代之？」沒想到植物也會如此多疑，或許是生存的競爭太激烈了。

「不是、不是，就像在山上，赤楊因為自己會施肥，二葉松因為種子不怕火、又會飛，所以特別容易在崩塌、火燒過的地方搶到位置，所以我尊稱它們是荒野雙鏢客……」（註）

「雙鏢客？哪有我厲害，你看我的葉子，」榕樹的葉子一陣抖擻，每一片都在陽光中綠油油的，「我這種像皮革般光滑的葉子，不像一般的葉子薄薄軟軟的，水分不容易散失，所以乾旱對我不算什麼，我是存水的專家呢！」

「哼！」我還來不及附和，相思樹卻有意見了，「你看我的葉子，長成鐮刀的形狀，葉脈也和別人不一樣，很特別吧！」它嗶啦啦的抖動全身，唯恐我看不清楚。

「對啊，我記得你小時候是一般的羽狀複葉，怎麼長大變這樣？不太像葉子耶！」

「像榕樹說的，那種葉子存不住水，所以我乾脆都不要了，我把我的葉柄膨大，變成狹長、光滑、稍微彎曲的假葉，葉脈也變成縱向平行的五到七條，更不容易散發水分，我才是存水的高手呢！」

沒想到植物的好勝心也這麼強，我忽然起了調皮的念頭，一把抓住相思樹的樹枝：「好，生存競爭大賽，這一

▼ 相思樹

局相思樹獲勝，一比零！」

相思樹得意的花枝亂顫，榕樹可能不太高興了，聲音變得低沉，「哼！造假獲勝，有什麼光榮？你看我這些鬚根，」它抖動著榕樹特有的氣根，「我的種子不管落在哪裡，石頭上也好、房子上也好、甚至別的植物身上也好，就算沒有土壤，我的氣根也會一直長、一直長，直到碰到土壤、得到養分，就可以讓我的主幹長起來，甚至長在人家的頭頂上、身上……」

▲ 榕樹的根

我想起吳哥窟的塔普倫廟（電影《古墓奇兵》場景），那些巨木直接從廟宇的頂端長大，肥大的氣根包覆了整個石柱、石牆，甚至讓石雕的神像四分五裂，確實是驚人的力量呀！「而且我的氣根長大了之後，甚至可以像樹幹一樣支撐起我的樹枝，一棵樹變成一片樹林呢！」

我又想起澎湖跨海大橋前的通樑老榕，算算連主幹在內的氣根「支幹」，居然有一百多根，的確是驚人的生長能力，「所以……所以我有時候看到你們榕樹的樹幹外面爬滿氣根，裡面卻是空的，那就是被你……被你纏住的樹已經死了、朽掉了，所以中心才會是空的？」我小心翼翼避免觸怒它，畢竟這一路上都是它的勢力範圍。

「沒錯！就是它！它根本是個殺人、不、殺樹凶手！」相思樹激動得大叫，看起來把勝負看得很重。

「不能這麼講，」我先制止榕樹回嘴，再心平氣和的說，「大自然的一切為了活下去，所有的競爭都是合理的，只要不像人類這樣過度掠奪，都可以被接受……」看到相思樹不再激動了，我再問它：「那你有什麼高招呢？」

「可惜這個部分你看不到。就是這裡不是又乾又缺養分嗎？光靠自己的根也不能蔓延

榕樹 ▼

得很廣，所以我就找人幫忙……我有菌根哦！」

「真的？這我倒不知道。」我大感訝異，大自然真是怎麼學也學不完，「你是說，你找真菌幫忙？」

「大家互相嘛，反正我提供一些養分給它們，那它們不是有很多菌絲、又爬得特別快嗎？這樣子就可以在地底下擴充我的地盤啦！」

▲相思樹的花

「哼！靠別人幫忙，算什麼好漢？」「至少我不會害死別人！」眼看兩個又要吵起來，我趕忙舉手制止，「好，好，雖然菌根也不簡單，但這一招不少植物都會，倒是榕樹的氣根比較特別，完全靠自己，這一回，榕樹勝！」

相思樹倒不吭氣了，也許輸得比較服氣，也許覺得才一比一還有機會，「這一次請你注意看我的花，」剛才只顧比賽、評判，這下子我才注意到，相思樹已經開滿了一樹的小小黃花，像一個個小小的粉撲一樣，有幾乎無數的花蕊，而且所有的花蕊都是輻射狀的向外放射，有非常非常充裕的機會傳播它的每一粒花粉。

「真是美啊！」我眺望滿山相思，亮麗的黃花染在淡綠的葉上，讓整個枯瘠的山丘都亮了起來，「大家都只會欣賞號稱『五月雪』的桐花，卻不知又叫『四月楓』的相思花更美，真是可惜呀！」

「喂！我們是在比生存力還是選美呀？」

榕樹粗礪的聲音又喚醒了我，「對，對，那榕先生你的花如何呢？」

「花？跟它住在這裡這麼久了，我還沒看到過它的花呢！」

相思樹有點幸災樂禍的口氣，榕樹卻不以為意。

「現在還不多，給你看一個。」我在它身上找了半天，才看到一顆綠色的、好像是果子，卻又有個小開口的東西，「這是什麼呀？花不花、果不果的！」相思樹又開口譏諷了，我卻想起從前學過的，「隱花果」？

榕果（雀榕）▲

「我想起來了！」我大叫一聲，反而嚇了它們倆一大跳，「你根本不開花，不，是你的花蕊根本不露在外面，你開的就是這種像果子的，花藏在裡面，有一種寄生小蜂會爬進去，沾到花粉，再爬出去時就幫你傳播出去了，你根本就有自己專用的播粉者，不必讓別人碰你的花！」

「沒錯，」榕樹的口氣透著得意，聲音也高昂多了，「開那麼多花大家亂碰有什麼用？又不一定幫你傳到自己人身上。像我們榕樹，每一種開的隱花果都不一樣，也都有特定不同的小蜜蜂幫我們傳粉，效率多高呀！」

相思樹好像黯然低下頭去了，我不得不去抓住榕樹的枝椏宣布它這一回獲勝。

「且慢！」相思樹還想做最後一搏，「你知道古代的人沒有燃料，我們相思樹就是最好的、用來燒木炭的樹嗎？」這倒又讓我想起走過的不少古道，路旁就有燒木炭坑的遺跡，「還有啊，以前挖煤礦的人就用我們做礦坑的支架，萬一煤礦快要崩塌了，我會發出『西酸西酸』的聲音，礦工們一聽就來得及逃命啦！」

榕果小蜂（雄）▼

「喂，有沒有搞錯？我們是在比生存能力耶！又不是比對人類的貢獻。那要這樣說，以前鄉下的村莊都有大榕樹，樹底下不是土地公廟、就是大家飯後聊天的地方，我的貢獻也不小呀！」榕樹一點也不肯示弱，滔滔不絕。

「好了好了，其實要你們比賽只是好玩而已，最重要的是想多了解你們一點、大家做個朋友。」我趕快打圓場，「像這樣乾枯、貧瘠的地方就只有你們兩位長得最好，還比什麼誰強誰弱呢？我認為兩位應該……並列冠軍！」

我站在步道中央，兩手各扶住兩邊的榕樹和相思樹，宣布它們的ＰＫ大賽不分勝負，可以算是皆大歡喜的結局。

比賽完了，夕陽已逐漸西沉，看看自己也該走了，我向它們告別，還是忍不住問：「為什麼沒看到相思豆呢？」

「哈哈！」沒想到他們同聲大笑，「什麼豆呀？誰跟你說相思樹有豆了？」

「就那首古詩啊，『紅豆生南國，春來發幾枝，勸君多采擷，此物最相思』……咦？他說的是紅豆，並沒有說是相思樹的豆子，只是它有相思之情而已，這……這根本是張冠李戴嘛！」我拍拍自己的腦袋，自覺這個「評審」當得滿漏氣的，它們倆卻還笑個不停。

「你去看看孔雀豆吧，也許還比較像是這個相思的紅豆呢！」

「你們人類呀，最會自作多情了！」

我也跟著陪笑，看來裝傻果然是最討人喜歡的，大家都取笑你，一團和樂，對你就沒有不滿啦！原來「做人」的方法，用來「做植物」也是一樣有效的。

（註）詳見《苦苓與瓦幸的魔法森林》中的〈松的傳奇故事〉。

雪霸的點點滴滴

如果剛好碰到構樹開花，我會趁機告訴大家其實花有分公的花、母的花、雌雄同體的花（例如杜鵑花，有雄蕊也有雌蕊），也有中性花（例如聖誕紅的紅葉部分，沒有生殖功能，不是真正的花）。而構樹的花分為公花跟母花：公花是柔荑（也就是古代說的手）狀，就像一隻隻的手一樣，適合把花粉散放出去，它所扮演的角色就好像棒球場的投手。

而母花是負責接收的，所以長得圓圓的，能夠順利收到公花投出來的花粉，不用說，它就是捕手囉。即使只是分辨構樹的公花和母花，遊客們也會覺得興味盎然。

如果是構樹結果子的時候，我就會告訴他們：對構樹最有興趣的，不是先前提到的那位阿伯，而是「阿扁」——咦？構樹和前總統有什麼關係？原來是構樹的果子非常甜，當它紛紛落到地上後，有一種綽號叫「阿扁」的扁鍬形蟲就會跑出來吃它，而且

構樹公花 ▼

構樹母花 ▼

非常貪吃，趕都趕不走。

這時候如果來抓扁鍬形蟲，那真是太容易了！不過別忘了，我們還在國家公園裡，非但一草一木、一花一蟲都不能拿走，就連撿走一塊小石頭也是法令不容許的，還是乖乖在旁邊欣賞吧！

雖然這麼說不合我謙虛的本性，但像以上這樣的解說方法，不管什麼樣的遊客聽了都應該很滿意，不至於偷偷溜走吧！

扁鍬形蟲 ▼

10 勇探蜂巢歷險記（上）

其實有很多蜂沒有針，是不螫人的。
就算螫人，也是為了保衛家園，迫不得已。

蜜蜂 ▲

一個小黑點朝我快速飛來！

然後在我身邊打轉，繞著四周始終保持一定距離……這種姿勢看來是蜂沒錯，但不太像虎頭蜂，我並不驚慌：據我所知，蜂如果決心螫你，會直接攻擊，像這樣繞來繞去的只是警戒，甚至只是對你好奇而已。

但許多人會慌張的用手揮動，造成蜂以為你要攻擊它，反而促成了它臨時起意的攻擊，「悲劇」就此造成。

「其實有很多蜂沒有針，是不螫人的。」細小的聲音在我耳邊響起，是這隻蜂在說話吧！我點點頭，「就算螫人，也是為了保衛家園，迫不得已的。」

這我也很能理解，但既有這個機會不妨問個清楚，「你們那麼小、又飛那麼快，我們怎麼分辨有沒有針？」

「問得好！」它停落在我眼前的葉子上，大大的複眼對著我，「你看我是細腰還是粗腰的？」

我瞇眼看它，果然是纖細的腰身、和那種圓圓胖胖的粗腰蜂不一樣，「粗腰的蜂不養小孩，它們只要把蛋生在植物上就沒事了，既然不打獵、也沒有家園要保護，自然就不用長針做武器了。像我們細腰的，就有針啦，你看，」它左右扭動著纖腰，非常靈活，「如果腰粗肚子大，用針就不靈活、會有死角，所以腰非得變細不可。」

「有道理！可是……」既然對方是有武器的，我的口氣還是和善點好，「你們幹嘛非長針不可？」

「為了小孩啊！我們細腰的蜂很多幼蟲是吃肉的，沒有針去哪裡替它們打獵？」它說得理直氣壯。

「打獵？你們不是都……都採花蜜？」

「拜——託——哦，」它的口氣明顯不耐煩了，「我們有打獵的蜂，像蛛蜂以及胡蜂，也就是虎頭蜂那一類的；還有一種寄生的蜂，像姬蜂、青蜂；再一種才是採花的蜂，真正叫蜜蜂的，其實並不是很多。」

「不好意思，」我抓抓頭，跟動物或植物道歉快變成我的本能了，「可能因為我們人類接觸的大多是蜜蜂吧，其他的我們又不太敢靠近……所以認識不清。咦？不過你的小孩不會也吃肉吧？」

「沒有、沒有，」它忙不迭的振動觸角，好像在搖手否認，「只有我們蜜蜂是從小到大都吃花粉和花蜜的。」

▼ 蜂螫

「我……難得……可以看清楚你一點嗎？」

「好啊！」它飛到離我更近、和我眼前等高的葉子上，我第一次注視著蜜蜂的頭部，腦海中浮起的卻是科幻片中的怪獸，只要直接把它放大個千百倍，就足以嚇跑所有人了吧，尤其那兩顆大得嚇人的複眼……

「這麼大的眼睛，你……視力很好吧？」

「哪有？告訴你一個祕密哦！」它忽然降低了聲音，好像怕別人聽到，「我其實是個大近視。」

「真的？那你的大眼睛幹嘛用的？」

「可以看到花朵的紫外線啊，怎麼樣？紫外線你們人類看不到吧？這就是我尋找花朵的祕密武器。」

我看到複眼之外，它居然還有另外三支單眼，「這個才是受光、辨認方向用的。」

「那……這樣就夠了嗎？」

「還有觸角啊，嗅覺也是很重要的好不好？」它動了動兩根觸角，這也是尋找花香的工具吧！我順便仔細看了它的口器，果然一副很能嚼東西的樣子，還有強壯的大顎，比起蝴蝶那細細吸管般的口器，它看來還是陽剛、凶猛多了。

再來就是看來薄薄的翅膀了，沒有鞘翅保護，看來幾乎透明的小小翅翼，我知道它一秒可

蜜蜂與花 ▲

以振動兩百次，「對啊，因為我們常要停在空中採蜜，非這樣振動翅膀不可，那可是很費力的，不信你問蜂鳥看看！」

我想起在祕魯叢林中看到的那些蜂鳥們，可惜那時候還不會與生物交談，也不知道還有沒有機會了，「那你們飛的……還算快嗎？」

「我們……只有蜻蜓的一半速度，你說快不快？」

「嗯，是不算快，不過花又不會跑掉，不用飛很快嘛！至於你們要抓的蟲，應該也是毛蟲之類的，跑得也不快。」我自說自話，看它不吭聲就更有把握了，「不過你們也有天敵吧？蜂鷹、蜂虎都會吃你們。」

「當然吃呀！名字裡都寫著蜂了。」它沒好氣的說，「還有蜘蛛、螳螂，都嘛會偷襲我們。」

「可是……你們不是有一種蛛蜂會吃蜘蛛？」

「那可不！真是幫我們爭了一口氣，」它又興奮起來了，飛起來在原地繞了一圈，「平常不都是蜘蛛從蜘蛛網抓我們嗎？偏偏我們這個蛛蜂專門吃它，好好修理這些八腳怪、替我們那些枉死的弟兄報仇！」

「好、好厲害，那你們和蜘蛛誰怕誰？」

「表面上還是它比較凶啦，因為它們結網來陰的嘛！不過我跟你說哦，」它又放低了聲音，「我們有一種寄生蜂叫姬蜂，它會把蛋生在蜘蛛身體裡，等小蜂孵化出來，就從裡到外，把那隻被寄生的蜘蛛吃個精光！」

我聽得起了一陣寒顫，忽然覺得樹林裡溫度下降了不少，「那說起來，你們也沒有太多外敵。」

「沒錯！最大的敵人是自己！」它又激動了起來，看來蜜蜂的情緒不是很穩定，「最可惡的是虎頭蜂！它們為了餵自己的

最凶猛的黑腹虎頭蜂 ▲

小孩，沒有，它們自己吃素的，可是為了餵小孩吃肉，就會到處抓蟲，尤其愛抓我們的小孩，我們工蜂……哦，忘了跟你介紹我是工蜂，為了保護小孩就跟它們打，它們不吃我們，但得把我們全部咬死才能吃到我們的小孩……」

我閉上眼睛，想像那種全族為了保衛孩子壯烈陣亡的畫面，簡直就如史詩般可歌可泣，「虎頭蜂又大又凶，你們……應該打不過吧？」

「不見得！」它得意的抬高了頭，「我們數目多呀，我們會放它進來，然後幾十隻團團圍住它……」

「一起叮它？像螞蟻那樣？」

「不是叮，我們拚命搧動翅膀產生熱量，用高溫活活把那隻虎頭蜂熱死，怎麼樣？很厲害吧？」

「佩服！佩服！」我由衷的讚嘆，回想在電視上看過這種畫面，更覺得生命真的都會找到自己的出口。這時又有另一隻蜜蜂也飛過來，停在旁邊的花朵上，「你們都很了不起呀！蜜蜂同志！」

「同你個頭！」它卻忿忿的制止我和新來的蜜蜂打招呼，「看清楚，那不是蜜蜂，那是冒牌貨！」

「真的嗎？」我靠過去，看它也是黑黃相間、大大的複眼、翅膀……它卻倏地飛走了。

「那是食蚜蠅，不是看我們厲害嗎？就故意假扮我們的樣子，招搖撞騙……」

我知道生物學上這叫「擬態」，今天還是第一次見到，「還好啦，它也不過是靠著冒充蜜蜂、跟你們分點花蜜而已，再說人家一定覺得你們不錯，才會模仿你。」

「這樣說也有道理啦！」它高興起來，竟然提出了驚人的邀請，「你想不想看看我們的家？」

「真的嗎？真的可以嗎？」我興奮得全身發抖，一隻蜜蜂邀請我去看一個蜂巢耶！我應該是史上第一人吧？但它們會不會像對付虎頭蜂一樣對付我呢？哦不，它們直接螫我就夠了，

「解說志工慘遭蜂噬」這種新聞怎麼看都覺得是慘不忍睹……

「走吧！」它倒不覺得有異，起身往樹林的另一頭飛去，跟在後面的，是既興奮又忐忑不安的我……

雪霸的點點滴滴

一個解說員要吸引住所帶領遊客的注意力，除了內容有趣，掌控整個局勢也是很重要的事。

遊客都是來玩的，帶著輕鬆的心情東張西望，即使有解說員在介紹自然生態也未必會注意聽，甚至有事沒事就問一句：「這是什麼？」

縱然你已經試用成功、成為正式的解說員，甚至你也有了還算豐富的解說經驗，但不斷被問：「這是什麼？」畢竟還是很大的風險，不要忘了「植物有二十七萬種」，好死不死真的被問到一種自己不認得的，還是會在心中暗叫慚愧。

所以你要讓遊客注意聽講、不亂發問的最好方式，就是反過來主控局面，由解說員來問，讓遊客來回答。

行程一開始，你就要告訴大家：在解說過程中，會問大家一些問題，有些可能是各

位平常就會，有些則可能是你剛剛講過的，只要首先答對的，就給一分（可以準備一些紅點的貼紙，答對的人就在他手上貼一個紅點，最後可以統計得分），到最後得分最高的，就會送他（她）一個獎品，這個獎品雖然不昂貴卻很珍貴，全世界只有這裡才有。

說也奇怪，人只要一有比賽競爭，就有了求勝心，就有了榮譽感，不但搶著回答你的問題，也非常注意你的解說（因為這裡面可能就包含下一個問題），大家可以說是聚精會神、全力以赴，非但不用擔心有人偷偷跑掉，反而要防備人人為了聽講爭相往前擠、不小心把你推倒。

尤其是小朋友，教過小孩的都知道，即使要他們短時間的集中注意力，都是很困難的。我生平最吃力的演講，竟然是去萬芳醫院幫小朋友講故事，光是讓他們乖乖坐下來、靜靜聽故事，就已經讓我聲音沙啞了，更不要說在講故事途中，有的小朋友會跑來跑去，有的更會大聲插話……那一個小時，簡直比我的一生還長。

但在這裡就不同了！因為自然生態的知識，我們大多數人的程度都跟小學生差不多，何況他們才剛學過、還有印象，如果再認真聽講，實力一點也不會輸給大人，所以常常在解說、也就是比賽的過程中，幾個小孩互相競爭，大人反而成了在旁邊加油打氣的啦啦隊。

我就曾經親耳聽到一個媽媽沒好氣地對老公說：「你還不趕快過去聽講、幫幫你兒子，我們還輸人家一個紅點耶！」由此可見戰況之激烈，這時候哪裡還需要擔心有人亂問問題呢？

解說結束，比賽也結束，統計手上最多紅點的人，當場頒獎給他（她），獎品是一個上面印著櫻花鉤吻鮭的咖啡杯——這是我們雪霸自己做的，當然全世界只有這裡才有，解說員沒騙人！

解說員當然不會騙人，解說員只要像魔術師一樣，讓你不知不覺的全神貫注就夠了。

勇探蜂巢歷險記（下）

11

人類「不自然」的行為勢必會破壞「自然」，
「自然」不斷受損害之後，
人類終究也是逃不掉的……

我懷著緊張又興奮的心情，跟著這隻初相逢的小蜜蜂穿過森林，卻看見了一個個六角形的蜂巢，和我以前在路邊看過、標榜「不純砍頭」的養蜂人家裡的蜂巢並沒有什麼不同，不由得有一點失望。

「怎麼了？你好像……沒有太大興趣？」

「不是，」我趕忙解釋，「我以為你是野蜂，期待看到的是天然的蜂巢，沒想到你是……人工飼養的。」

「喂！你有沒有搞錯？」它嗡嗡的振動翅膀，停在我眼前，「那些人只是放個木框，其他的部

蜂蜜 ▼

分都是我們自己做的，和野外的蜂巢並沒有兩樣；而且，是我們提供蜂蜜給人類，是我們養他們，不是他們養我們！」

說的也沒錯，頂多算是人類和蜂「共生」吧！說不上誰養誰。我為自己的魯莽道歉，繼而發現四周嗡嗡飛繞著一大群蜜蜂，心裡還是怕怕的。但它們似乎都專心忙著工作，沒有一個理睬我，這才放下心來看它的同伴們如何「營建」蜂巢的工程。只見他們先從體內分泌出蠟液，一接觸到空氣就變成固體了，「真有趣！和蜘蛛絲一樣，剛吐出來也是液體，一碰到空氣就變硬了。」

「對啊，然後我們還得辛苦的嚼這些蠟，把它變成材料，再築成一個個六角形的巢房。」它看我回心轉意，也開始興致勃勃的介紹著。

「為什麼是六角形呢？誰規定的？」我故意問道。

「因為六角形最堅固、組合起來最完整，而且使用的材料最少……」它瞪了我一眼，不，應該是五眼（兩隻複眼加三隻單眼），「你明知故問，你們人類很多建築不是跟我們學的嗎？」

「哇！」我假裝沒聽到，「光是這一個大型紙箱的範圍，好像就住了上萬隻蜜蜂，不會太擠嗎？」

「不會啊，我們喜歡聚攏在一起，分工合作，團結禦敵，天氣冷的時候還可以互相取暖……」它忽然發現了我的心事，「你是不是以為會看到，那種大大的、掛在樹上、像虎頭蜂的蜂巢？」

我不好意思的點點頭，「歹勢（閩南語：不好意思）啦！我以為野蜂的巢都是那一種的。」

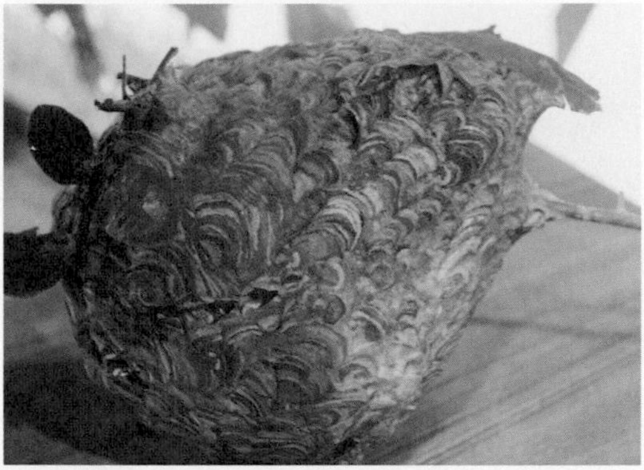

▲ 虎頭蜂巢

「那不一樣，你看它們不都長了個大嘴巴？我是說大顎啦，它們會咬碎枯木，加上唾液做成像紙漿一樣，就可以用來蓋蜂窩的外牆和巢房了。」

「我懂了，你們的巢是蠟做的，它們是紙做的，不過蠟是你們自己生產的，比起它們要咬木頭，蜜蜂還是比較厲害……」我這麼說不知是否太狗腿了，不過現在蜂群環伺，還是謹言為上，「是不是也有泥巴做的？我小時候在屋簷下常看到。」

「哦，那是泥壺蜂的傑作，它們的大顎長得像一隻抹刀，可以把加水的泥巴做成各種形狀，像一個壺或罐子，有的有瓶口，有的沒有……」它的話喚起了我童年的記憶，那些蜂兒的技術，可一點也不比陶藝大師遜色呀！

「啊！好可愛的小寶寶！」討論完畢，我轉而注意蜂巢裡的幼蟲，一隻隻白白胖胖的，很像……不好意思，但真的很像蛆，差別的是它們竟然沒有腳。

「它們在這裡根本不用動，就等我們餵食花粉和花蜜，有腳也沒有用，就退化掉啦！」它的口氣變溫柔了，好像一個慈母在談論自己的寶寶。

「那……你是雌蜂、也是工蜂嗎？」

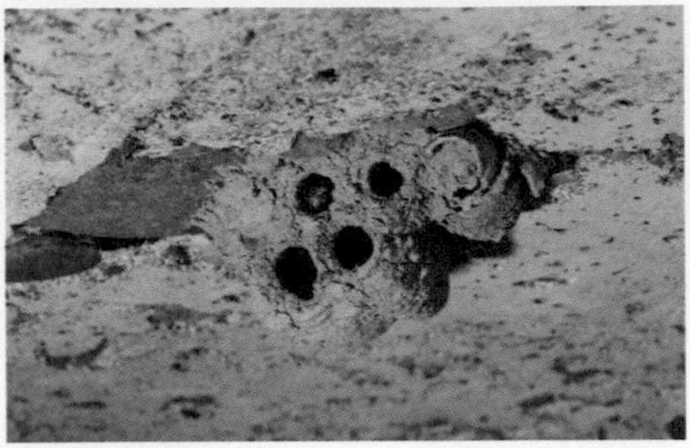
▲ 細腰蜂泥巢

「沒錯！巢裡面除了我們那個比較大隻、肚子特大的女王蜂，其他的雌蜂都是工蜂，但我們不交配、也不生育，所以產卵管就變成刺啦，你看。」它掉轉屁股，讓我看那枝小小的尖刺，看似銳利其實脆弱的，而且若螫了人，它自己也會送命……

「那你的工作就是採花粉、花蜜、餵寶寶？」

「不盡然，我們小時候是做內務，打掃蜂房啦、伺候女王啦、照顧寶寶啦、連修房子和守衛家園都要做……」

它講得一點怨氣也沒有，甚至還有一點引以為榮，「大概兩、三個禮拜後我們才轉外勤，就是出去採花蜜……」

「那就輕鬆多了，還可以吃吃好東西……」

「誰說的？」它可不高興了，「我們這樣飛來飛去，常常一天要採上千朵的花，很累耶！採來的蜜放在蜜囊裡，花粉放在後腳的花粉團裡，都是要繳回家裡來的，只有自己真的很餓了，才會吃一點點補充體力。」

「真的？都不會有人偷……」我把話吞了回去，還是別得罪它的好，雖然這隻蜜蜂看來脾氣不錯，「那你如果發現哪裡花很多、自己採不完，要怎麼告訴同伴？」

「有啊，你看！」一隻蜜蜂剛採蜜回來，回到巢裡就開始跳起舞來，「它不是在慶祝，是用跳舞告訴我們哪裡還有蜜可以採，待會就有更多夥伴會出發去採蜜了！」

「哇！真是太神奇了！」我由衷的讚嘆，「雌工蜂這麼辛苦，那……雄蜂呢？」

「它們？整天吃飽了閒閒沒事幹……女王

▼ 蜜蜂採蜜

已經每天在生寶寶了，也不需要它們，偶而就飛出去找別的雌蜂，當然不是工蜂、而是和將來的女王蜂交配，交配完雄蜂就死了，這就是它們輕鬆又無聊的一生！」

「未來的女王蜂？所以你們的女王是有任期制的？」

「也不是任期，一個窩裡的寶寶會長大、蜜蜂不就會越來越多嗎？等到容納不下時，女王蜂就會帶著一部分工蜂搬走，把這裡讓給新的女王蜂和它的工蜂，我們的族群才能這樣一直繁衍出去……」

「哇！了不起！政權和平轉移耶！」

「你說什麼？」我大概很難解釋清楚，趕緊轉移話題，「我是說，你們不管築巢、採食、育幼、生殖，大家都無條件的分工合作，簡直就像一個有機的生命共同體，而且如果不是你們，大多數植物不能傳宗接代，大多數動物也就沒有東西可以吃，你們是自然的大功臣耶！」

沒想到它並沒有因我的讚美而有喜悅之情，反而語

▼蜜蜂

氣中透著幾許無奈，「也許是吧，但你也知道，我們蜜蜂正在大量減少中，這個任務不知道還能維持多久。」

「啊……」我想起這幾年媒體不斷報導蜂群消失的訊息，不由得悵然若失，「到……到底是什麼原因呢？」

「我也不知道，其實我們也很脆弱的，天氣冷受不了，風強雨大也受不了，天災後沒糧食不行，你們亂噴農藥殺蟲劑更要命……」說得我都手足無措了，「也可能是病菌吧，你們人類到處把我們買來賣去的，很容易帶進大家都對抗不了的病毒或細菌，」它的話讓我想起人類碰到的H1N1病毒和超級細菌，也都是這個原因造成的，看來我們不只在毀滅自己，也因為貪婪與無知而在毀滅世界。

「還有一個可能就是……營養不良！」

「營養不良？你們每天吃花粉、花蜜還營養不良？」或許我反應太強烈了，它往後飛退了幾步，「因為都吃同一種東西啊！你看，要不就是整片的龍眼樹，要不就是滿地的大花咸豐草，老吃同樣的東西，營養就會不均衡不是嗎？」

這下我又無話可說了，成片果林是我們人類種的，外來種野花大肆占地是我們造成的，我們還為了蜂蜜大養蜜蜂，甚至在各國間大量買賣，其實都是「不自然」的行為，而「不自然」勢必會破壞「自然」；「自然」不斷受損害之後，人類終究也是逃不掉的……

「好了，別想那麼多，」小蜜蜂飛近我，在我耳邊繞了一圈，好像是在告別，「我們會加油的！」

然後一個轉身，很快飛走了，變成一個逐漸模糊的小黑點，消失在廣大無垠的荒野世界。

（按）本文完成，得力於楊維晟先生指教甚多，特此致謝。楊著《野蜂放大鏡》（天下文化，二〇一〇年）。

雪霸的點點滴滴

自從出版了《苦苓與瓦幸的魔法森林》，也算是「重出江湖」後，媒體和一般朋友最好奇的是：「你在擔任解說員期間，都沒有被遊客認出來（苦苓的身分）過嗎？」說也奇怪！我的臉孔和聲音都這麼有特色（不是讚美自己，只是真的與眾不同），在這八年的每一次服勤，都沒有人直接、確定的認出我來。

分析可能的原因：第一就是我穿制服的樣子太帥了，其實是制服掩蓋了大部分的缺點（于美人說，這是我生平最帥的一個造型），所以大家一點也不會想到，站在他們眼前的居然是苦苓本人。

第二個原因，應該是沒有人想到我會出現在這個荒郊野外、幾無人煙的地方（因為我這時還處於「失蹤」狀態，沒有人知道我在雪霸當解說員），所以根本不會預期在這裡碰見我。

第三個原因，大概是因為我掛著上面印有「王裕仁」（我的本名）的解說名牌，大家就更不會想到我還有另外一個身分了。

頂多是有人好奇地問我：「解說員，你長得很像一個人耶。」

我就回答：「我當然長得像一個人，不然我還像臺灣獼猴嗎？」

有些就更進一步的問：「解說員，你比電視好看耶。」

我就回答：「我是比電視好看啊，我也比冰箱好看、比冷氣機好看。」

有的遊客比較直接，就問我說：「解說員，你長得很像那位作家苦苓耶。」

我當然也沒有必要否認，就回答：「我是苦苓啊。」

沒想到對方嚇一跳，居然說：「真的嗎？你不要冒充人家。」——奇怪，難道冒充苦苓是一件光榮的事嗎？

也有三、四十歲的女生，從小看我的書或聽我的錄音帶長大的，在懷疑、詢問、確認之後，就很興奮地拿出身邊的東西給我簽名。簽完名之後，還興高采烈的拿去給自己的小孩看：「你看你看，他幫我簽名耶！」

小孩接過去看，然後一臉茫然：「這是什麼？苦茶喔？」

12 和鳳仙花姐妹談戀愛

豈止花香？很多色彩鮮豔的花，授完粉就褪色了。
也許只能說植物最「實在」吧！不做多餘的事。

黃花鳳仙 ▲

隸慕華鳳仙 ▲

「哇！全員到齊！」我的叫嚷聲劃破了原本寂靜的步道，三種鳳仙花果然齊聚一起，在風中輕輕的擺動著。

「喂，不要那麼大驚小怪好不好？我們也只是同時開花而已，平常不就在一起了？」是最常見的黃花鳳仙開口了。

「我知道，但一次要碰見妳們三姐妹同時開花，可是很多觀霧遊客的夢想，我雖然不是遊客，還是可以高興一下，畢竟這是世界上絕無僅有的景觀呢！」

「也是啦，那是因為我妹……」它斜斜擺動了一下，稍稍靠近隸慕華鳳仙，「那你都怎麼教遊客分辨我們三個呢？」

「很簡單啊！妳是黃色的，它們是紫色的，還用分？」

「咦？可它們兩個都是紫色，又怎麼分？」

「呃……」我可不能被難倒，砸了解說員的招牌，「雖然都是紫色，但紫花鳳仙又叫單花鳳仙，它每一枝只長一朵，不像隸慕華可以一枝好幾朵，還有，隸慕華的個子比較小，它的尾巴、也就是花距的部分不像黃花、紫花是彎起來，反而是翹翹的，很好分呀！」

我一口氣說完，看它們三位都沒抗議，正要洋洋自得，卻被考問了一個難題，「那你看我現在的花，是雄蕊還是雌蕊？」這算是什麼問題？雌雄同體的花，雄蕊有花葯花粉，雌蕊有柱頭子房，一看就很容易分，難道鳳仙花會有什麼蹊蹺？我蹲下來看了半天，居然每一個花蕊都像是雄蕊，那……那雌蕊躲哪去了？或者它根本是雌雄異花？

「哈哈！考倒你了吧！你現在看到的是雄蕊沒有錯，等花粉都傳播完、散掉了，雄蕊才會落下來，換雌蕊上場！」它得意的說著，三姐妹一起迎風招搖。

紫花鳳仙▼

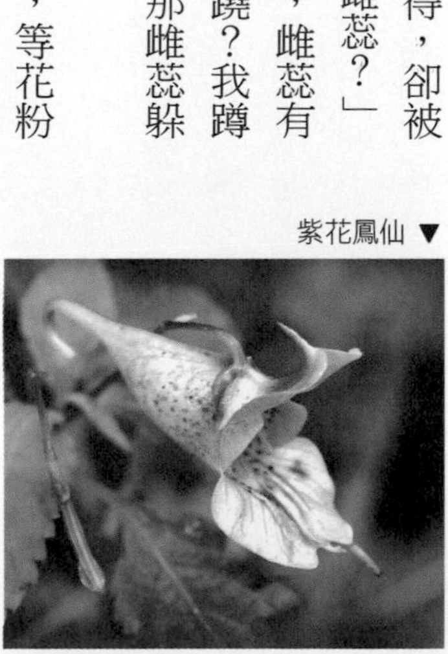

「哇！太酷了！我知道像百合是把雌蕊的柱子舉得高高的，昆蟲進來一定是先把花粉交給柱頭，才能再深入進去採蜜、沾到雄蕊的花粉，但妳們的方法更保險……」我由衷的讚嘆它們避免自花授粉的「技術」。

「你看那邊的毛地黃也不錯呀！一整串花由下往上開，上面是雄蕊下面是雌蕊……」它還沒說完就被性急的我給打斷了：「那就不保證昆蟲會先找雌蕊了！」

「別急嘛！你聞，」這回換紫花鳳仙開口了，「底下的雌蕊花會有香味，蜜蜂當然先來光顧，之後再輪到雄蕊。」

我走到旁邊深深吸了口氣，「果然妳們花朵都是女士優先，不過花一授完粉就香味全失，會不會太現實了一點？」

「那不叫現實，叫務實！」沒想到它還會跟我咬文嚼字，「豈止花香？很多色彩鮮豔的花，授完粉就褪色了呢！沒有用的事，幹嘛白費力氣？」

我想起最常見的水鴨腳秋海棠，原來是紅花，後來就慢慢變淡了，確實是這樣沒錯，也許只能說植物最「實在」吧！不做多餘的事。但心裡又浮起一個疑問：「可是像這個堇菜，春天還開得滿正常的，怎麼現在一到夏天開的花……不，花根本就不張開了呢？」

「你不懂？那叫閉鎖花，」這次開口的是細聲細氣的隸慕華鳳仙，「春天異花授粉，由這朵傳給那朵；夏天花多、競爭激烈，乾脆就關起門來自花授粉，自己的雄蕊傳給雌蕊；兩種方式交替，機會不是更大嗎？」

「對、對、對，像那些天南星科的，聽說如果外在條件不好就只開雄花，等一切都準備好了才開雌花……」我正說得興高彩烈，三姐妹卻好像一起隨風後退，「噁，別說那些臭傢伙好不好？什麼山芋、海芋、姑婆芋都是一路貨，只會引來那些又髒又臭的蒼蠅！」

「不能這樣講，大家各自想辦法嘛，妳們想，蜜蜂蝴蝶都要照顧妳們這些漂亮的、香的、甜蜜的，那它們怎麼搶得過？靠臭味吸引蒼蠅也是另一條出路啊！」

「說的也是啦！」它們好像同意了，「像那些靠風傳播的，花朵多半是樸素的綠色、褐色，不跟人家爭，自己反而更輕鬆呢！」

「其實都不輕鬆，」這下換我變嚴肅了，「除了傳粉授粉，還得想辦法傳種籽，大家都不容易。」

「我覺得靠風傳籽最輕鬆，像青楓啊、二葉松啊，果子或種子上長了小翅膀，滴溜溜的就飛走了……」

「那樣飛很累耶，還是菊科的好，細細紛紛的，風一吹就像雪一樣到處散開。」

▲ 鬼針草

「最差勁的就是大花咸豐草（又名鬼針草），帶著種子的果子像刺一樣黏在動物身上，滿無賴的，難怪有人叫它恰查某（閩南語：凶女人）。」

三姐妹七嘴八舌，雖然我在走步道後也常黏了一身的鬼針草、為它大費周章，但還是得說句公道話：「可是這也算很有效的一招啊，又不是大家都可以結出動物愛吃的果仔來。」

▲ 蒲公英球狀種子

「我才不要結果呢，那種籽還得經過動物的便便……」黃花這麼說著，卻被紫花挑戰了，「不見得啊，像栗子，松鼠吃的是它的種籽而不是果，整個嚼碎吞掉，哪有便便？」這卻引起了隸慕華的疑問，

「如果栗子的種籽整顆都被吃掉了，那它怎麼還能再長大成樹呢？」「哈哈哈！這妳也不知道。」兩個姐姐一起笑它，黃花說，「松鼠夠聰明，它知道到了冬天沒有滿地的栗子可以撿，所以它會把吃不完的埋一些到土裡去……」紫花立刻接口，「可是它記憶力又不夠好，冬天去挖那些栗子的時候，有一些會忘記埋在哪裡，於是栗子們就有機會長大了！」

「我覺得這就是自然的奧妙，我整個種籽給你吃掉，照理說就不可能長大了；但你會埋一些在土裡，又不會全部找出來吃，我就可以長大了！這不是……賭很大嗎？」我看棣慕華鳳仙不吭聲了，趕快鼓舞它一下，「我覺得還是妳們這種豆科的比較好，成熟的時候，種子自己用爆開的，劈劈啪啪，難怪妳們每次一長就是一大群在一起。」

「對啊對啊！」它果然開心了，「我們聽說有一種花叫作勿忘我，FORGET ME NOT，但你知道我們叫什麼？」

「我知道！TOUCH ME NOT，別碰我！」這下可碰到我

松鼠 ▼

松鼠藏的栗子 ▼

的強項了，得好好發揮一下，「妳們知道，鳳仙花在希臘神話……什麼叫希臘？不管啦，就是古代天上有一個最大的天神叫宙斯，有一個仙女偷偷愛慕他，他完全不知道，這個仙女還被人家誣賴偷東西，宙斯也沒搞清楚，就把她罰貶到人間……」

「好可憐哦，這個仙女。」

「這個宙什麼的神太壞了！黑白不分。」

「那……這和我們鳳仙花有什麼關係呢？」

「這個仙女到了凡間以後，想到被心愛的人誤會、處罰，越想越傷心，沒多久就生病死了，死了之後就在她埋葬的地方，長出一大叢花，妳們猜是什麼花？」

「就是……我們……鳳仙花？」三姐妹反應都很快。

「沒錯！就是鳳仙花。後來宙斯聽說這個仙女死了，心裡也很難過，就來凡間看她的墓，也就是長那些鳳仙花的地方，沒想到他才一走近……劈劈啪啪！鳳仙花的種籽就噴得到處都是，把宙斯打得落荒而逃。」我一口氣說完，深呼吸，下結論，「所以後來的人們就把這個花取名叫作TOUCH ME NOT，別碰我！怎麼樣？很精采吧？」

「好感人的故事哦！是真的嗎？」隸慕華鳳仙的花瓣上閃著一顆水珠，好像在流眼淚。

「真是大快人心，炸得好！」紫花鳳仙全株都搖了起來，似乎十分激動。

倒是黃花鳳仙冷靜多了，「唉，你們人類真麻煩，愛來愛去的，不像我們植物，傳粉就傳粉，播種就播種，一代代活下去最重要，哪有那麼多花樣？」

「喂！」不等我開口，另外兩姐妹卻有意見了，「妳不要那麼不識趣好不好？人家也是好心好意講故事給我們聽，該謝謝人家才對。」

「哪裡哪裡，」我倒不好意思的抓起頭來，「今天我從妳們這裡學的才多呢！講的也大多是雄花雌花……交配的事，我也可以算是和妳們三姐妹在談戀愛呢！」

「什麼？誰跟你談戀愛？」

「拜託！只是談生殖問題，誰談戀愛了！」

「你不要看我們不會移動，就欺負我們！」

沒想到一個小小的玩笑就引起它們這麼大的反應，我不由得退後了兩步，好在它們的種籽還沒成熟，否則一定噴得我滿頭滿臉，看來「別碰我」果然是名不虛傳呢！

隸慕華 鳳仙
偷偷告訴我

有一些植物會將身上多餘的水分由葉緣的水孔（泌水孔）排出，所以我的葉子上有時會有水珠，不是淚水啦！

雪霸的點點滴滴

雪霸的解說員之間，充滿了各種微妙的關係。

因為是一期一期招生的（我是第七期，七二四，還記得嗎？），一起同甘苦、共患難，感情當然也會比較好，記得那時我還組了一個「七期俱樂部」，跟大家一起到鎮西堡、司馬庫斯這些人間祕境去玩——什麼？你還沒去過？那也太可惜了吧！

至於前期的解說員，當然就是我們的學長、學姐，我們可是對他們充滿尊敬，也常常提出問題向他們請益，希望能多學一點解說的招數。

除了兄弟姐妹的關係，還有師徒關係，剛開始在「試用」帶隊時，我總是戰戰兢兢、夜不安眠，幸好碰到了同一期的解說員王增光老哥，他早已是陽明山國家公園的解說員，不但經驗充足，收集的資料也非常豐富，每一次都不吝於對我傾囊相授，不但加強了我的信心，也給我很大的助益……在他「手把手」悉心教導下，我也慢慢地成為

一個合格的解說員了。師恩如山，所以同期解說員之間雖然大多以名字或綽號相稱，但我每次見到他，都堅持叫他「師父」，他實在也當之無愧。

而一般解說員之間則存在著既合作又競爭的關係。如果有人找到解說時有用的知識，或是發現步道上有新的物種，甚至發明了什麼解說的新招式，雖然很樂於和大家分享，但也多少有點私心的想自己留下一、兩招，不像我的師父王增光那樣傾囊相授，就好像武俠小說裡師兄弟（姊妹）的奧妙關係，說起來也滿有趣的。

當然每個人的解說各有不同的風格，有人著重對整個自然生態的保護，有人擅長辨識各種不同的物種，有人會感性的帶大家以欣賞自然風景為主，也有人善於安排各種野外活動……有人受尊敬，有人受歡迎，也有人跟大家打成一片，可以說是各門各派的高手各出奇招、各顯神通。

那麼不夠「強」的解說員該怎麼辦呢？據說在政府的編制裡，解說員一共分為四級，我卻開玩笑說：我們義務解說員分成「兩極」，就是消極解說員和積極解說員。

積極的當然搶著帶隊，因為我們服勤不是排班制，而是「認養」制，上百個解說員，任何一個只要上網看到有團體申請解說員，且你的時間可以配合，就可以把他們「點」起來，主動和那個團體聯絡，安排他們走步道、聽解說的時間（會建議但不會主導團體在雪霸內的行程）。所以解說員如果手腳不夠快，往往就會沒有團體可帶，而一年內如果沒有完成五次以上的服勤，你的解說員資格就會被取消，一切付諸流水。

13 和一隻鳳蝶的告別與重逢

傻瓜！看不到我，你還是可以看到很多蝴蝶啊，
那和看到我不是一樣嗎？對我們蝴蝶來說，
世界上只要還有一隻蝴蝶活著，就代表我還活著。

曙鳳蝶 ▲

走在武陵最僻靜的賞蝶觀魚步道（註）上，我在已經凋落的冇（ㄇㄡˇ）骨消枝條上，看見一隻鳳蝶。從它背上的大塊紅斑，裡面又有像西瓜子的黑色小點來看，應該是一隻曙鳳蝶沒錯，但它的翅膀已有些殘破了，神態也有些萎靡，不知是病了還是老了。

我小心翼翼的蹲下來，本來想伸手去捏它的翅緣，卻見它反常的動也不動（一般因有毒而不怕捕食的鳳蝶都是慢悠悠的飛行，但真要抓住也不容易，它會忽然加速飛離），我轉念把手背向上放在枝條前端，「來吧，老朋友。」它似乎聽懂了，腳步蹣跚的爬到我手臂上。

我站起身來，語氣儘可能的溫柔，「你是曙鳳蝶吧。」

「是啊，你很會認我們嗎？」它的聲音很低，但還算清楚，或許只是剛受了驚嚇、在休息而已。

「哪有？」一語道破我的心事，「你們蝴蝶一般都亂飛……不，我是說飛得很快、停得又隱密，老是把翅膀花紋不清晰的那一面向上，看都看不清楚，還說分辨呢！」

「好吧，今天有緣見面，我就教你幾招。」

「真的嗎？那我要拜你為師了。」
「什麼『獅』？這裡有猛獸嗎？」
「沒有沒有，」看來這隻鳳蝶的想法還滿單純的，或許是因為和人類接觸不多，或許是它的生命原本短暫……
「你看我的觸角末端，像一根棍棒對不對？如果是觸角末端像勾子的，那就是弄蝶啦！對，只有它們是那樣。」
我心想只要看得清觸角，至少弄蝶我就分得出了，這是個收穫！「而只要前翅在兩公分以下的，就是小灰蝶啦！」
嗯，這樣更好分，又多確定了一種，「那我們不都是六隻腳嗎？對啊，不然怎麼叫昆蟲，但你若看到看起來只有四隻腳的，那就是蛺蝶。」
「真的嗎？它們另外兩隻腳哪去了？」
「別大驚小怪的，就是萎縮掉、看不出來了，像斑蝶、蛇目蝶，也都算他們一掛的，可以說是……四腳幫吧！」
「那我知道了！再來就只剩鳳蝶和粉蝶。鳳蝶比較大、多半是黑色的，和身上很多鱗粉的粉蝶明顯不同……」

▼ 蛺蝶

▼ 小灰蝶

▼ 小黃斑弄蝶

沒想到興致勃勃的我又被打斷了，「不一定，鳳蝶也有比較小的、不是黑的，重點是鳳蝶停下來肚子比較會露出來，粉蝶，哪，你看旁邊那隻黃蝶，停著的時候看不到它的腹部，有沒有?要這樣分。」

「知道了。」我頻頻點頭，「原來五種主要的蝴蝶這樣一分就清楚了，今天真幸運遇到你。」

「唉，今天不遇到，明天或許我就不在了……」它自覺口氣有點感傷，又轉換了話題，「現在離得這麼近，你看清我了嗎?」

「有啊，」我把手舉到肩膀的高度，它在我手臂上顫巍巍的，像風中的一片落葉，「你有觸角、複眼、像吸管一樣可以捲曲的口器，三對腳，兩對翅膀，肚子上……對了，肚子上兩邊都有氣孔，這下我可看清楚了!」

「那你看過我、或者我們的小孩嗎?」

「有啊，它們就是一般人說的毛毛蟲，其實多半沒有毛，長的是單眼，有些身上有假眼，就跟有些蝴蝶身上的假眼睛一樣，是欺敵用的，它們的口器和蝴蝶可不同，因為要吃花、葉、果實，所以有大顎、也有小顎……」

黃粉蝶 ▼

「有的還會吃蚜蟲和螞蟻幼蟲呢！」它補充了一句，就垂下頭去，似乎有點累了。

「對了，它們還有吐絲器，肚子上呢也有氣孔，尾部還有勾，這樣比較容易攀附在植物上，我這樣觀察還算仔細吧？」怕它禁受不起，我盡量放低聲音。

「是嗎？」它抬起了頭，精神好像好點了，「我們的小孩每蛻一次皮就多一齡，齡嗎？不一定是一年，算是一個階段吧！通常會有四到六齡，每個階段長相都不同，有時候像葉片，有時候像鳥糞，有的還會捲起葉子把自己包起來，你看到的機會不多吧？」

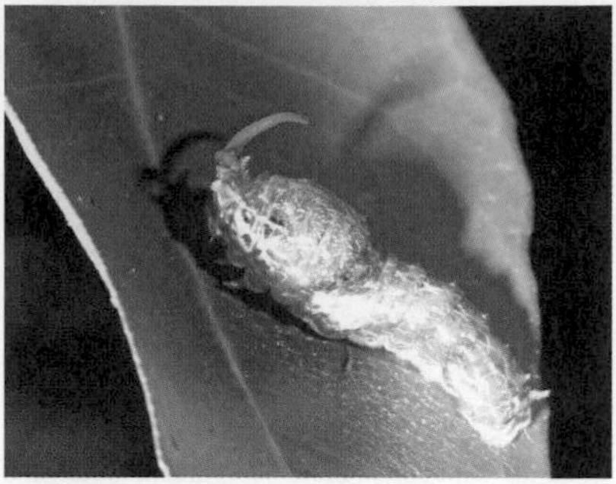
▲ 鳳蝶毛蟲舉臭角

「那倒是，」我搔搔頭，有點不好意思，「我看的多半是它們比較大、不怕被看到的時候，可那頭上的角一舉起來，還真的滿臭的……」

它被我捏著鼻子的樣子逗樂了，鼓了鼓翅膀，但並未飛離我的手背，「比起其他吃肉的凶猛昆蟲，我們算是弱勢的，你看，除了小孩有這些逃避敵人的技倆，大人的花招也很多呀，像你說的亂飛——也就是不規則的飛行，還有身上的假眼睛、偽裝枯葉的樣子，只有我們鳳蝶或像青斑蝶這種有毒的，可以直接用鮮豔的顏色警告敵人。」

「說到敵人，你們的敵人還真不少，鳥啊、蜥蜴啊、青蛙啊、蜘蛛啊，還有很多昆蟲也愛抓你們吧？」

「多得是呢，野蜂、螞蟻、螳螂甚至椿象，哪個不愛吃蝴蝶？不過我們最怕的不是看得到的……」

「看不到？你是說細菌和病毒？」

「也是啦，更可怕的是寄生的蜂和蠅，如果被它們在身體裡下了蛋，在你體內孵出來的幼蟲，就會從身體內部開始吃掉你，那真是生不如死呀！」

我聽得起了一身的雞皮疙瘩，生物間的競爭雖然是大自然的常態，有些方式卻怎麼看也覺得太「殘酷」了，我還是轉移話題好了，「那幼蟲最後不是都要化蛹嗎？」

「是啊，你看過嗎？有一種頭朝下的，那叫垂蛹；另一種用一根絲吊在樹上的，叫作帶蛹。那可真是脫胎換骨呀！老天爺要把我們小時候身體裡的組織全部打散、再重新組合成完全不一樣的樣子，很神奇吧？」

「不是很神奇，是太、太、太神奇了！不過你們剛剛羽化的過程，身體好像還是軟趴趴的，很脆弱耶！」

「是啊，」它動了動身體，不知是否在模擬羽化的樣子，「要等體液充滿全身，我們才能變硬飛走，然後進行這一生最後的任

▼ 細蝶的蛹

務——交配、繁殖！」

「這麼辛苦多變的一生，最後能變成這麼美、甚至可以說是最美麗的昆蟲，我覺得很值得耶！」

「美麗，那是因為色彩，你知道蝴蝶有幾種顏色？」

它忽然這樣問我，這種題目未免太強人所難了吧，我伸出指頭算著，「紅、橙、黃、黑、白、藍、綠、紫……不是什麼顏色都有嗎？還幾種顏色咧？」

▲ 寬青帶鳳蝶的物理色和化學色

「我說的種不一樣，其實只有兩種，」它抬了抬頭，彷彿察覺我驚訝的神情，「一種是我們鱗片上原來就有的顏色，像紅、橙、黃、黑、白這些色，是身上的色素，不管什麼時候都看得到。」它停了好一陣子，應該不是在思考，而是力氣不夠了，「另外一種是身體構造上的，也就是鱗片上的反光，像綠色藍色，都是要在光線照射下才看得出來。」

「我懂了！像那些比較有金屬光澤的，應該都是反光色吧，原來這就是書上說的物理色，而原本色素呈現的就是化學色了。」我興高采烈，根本沒注意到它的狀況，「但不管是幾種顏色，反正蝴蝶是公認最美麗的就對了！」

「美麗……經常是短暫的。」

輕弱低沉的一聲卻重重打在我的胸口，我注意到它已經很難在我手臂上維持平衡了，「你們……羽化之後，剩下的生命都很……短嗎？」

「不一定，有的只有一、兩個月，像紋白蝶、一些小灰蝶；長的也大概一、兩年吧，像大紫蛺蝶、和有的斑鳳蝶……其實我們和花朵一樣，美麗，但是短暫。」

「那你……」我小心翼翼的問，「也快……了嗎？」

「你應該看得出來，」它勉強振作的站挺小小的身子，「我已經把卵下在一片片的葉子上，孩子們孵出來之後雖然看不到我，卻已經確定有第一餐可以吃，它們……會平安長大的，我的任務已經完成，是該走啦！」

「那我……我再也看不到你了？」能和生物交談這麼久以來，這是我第一次那麼接近它的死亡，真的有點手足無措，雖然明知一切都有盡頭。

「傻瓜！雖然看不到我，但你還是可以看到很多蝴蝶啊，那和看到我不是一樣嗎？」

「不……不一樣，我不認識它們。」我想起了《小王子》書上「馴養」的字眼，我當然沒有馴養這隻鳳蝶，但畢竟我們有過一段不凡的對話，它的獨特、唯一，不是其他任何蝴蝶可以取代的。

「對我們蝴蝶來說，世界上只要還有一隻蝴蝶活著，那就代表我還活著。」它垂下了翅膀，好像要把自己回復到還是蛹的樣子，「你知道可以去哪裡找我嗎？」

「我知道，」我用力點頭，覺得自己像一個傻瓜，「有蜜源植物的地方，你們……你會去採蜜；有植物會滲出汁液的，你會去吸食；還有，你最喜歡樹上掉下來、已經腐爛的果實了，那是你的免費大餐；還有溪流邊、或是積水的地方，你會停在那裡大喝、又大放，為了吸收裡面的礦物質；再有呢，就是……」

「為什麼不說了？」它抬起頭來，「嫌髒呀？」

「就是有動物的屍體或者是排遺……就是大小便啦，不好意思，我不該用人類的標準來看，那也是你尋找食物、吸收養分的地方。」

「對啊，在那麼多地方都可以看到我，你怎麼能

▼ 吸花蜜的斑蝶

▼ 群聚吸水

吃屍體的蛺蝶 ▲

說，我已經不在了呢？」它的聲音越來越細了，我低下頭仔細看著手背上的這隻鳳蝶，想確認它還有氣息。

它忽然展翅起飛！離開了我的手背，觸角驕傲的挺起，有些斑駁的雙翅用力拍打，上面的翅脈流動如黑色的河水，翅背上那像是紅色瓜肉、黑色瓜子的美麗圖案，以及翅尾那高貴的尾突，讓它始終像極了一名華麗的貴族，即使在生命的最後，仍堅持散發著絢爛的光輝……

我沒有說再見。

我會再見到它，許多的它，無數的它。

（註）賞蝶觀魚步道，位於雪霸國家公園武陵遊憩區，由武陵管理站旁至觀魚臺，全長約一公里多，沿途蜜源植物茂盛，常見蝴蝶飛舞，小鳥嬉戲，並有獼猴出沒、山羌吠叫，終點可觀賞七家灣溪的櫻花鉤吻鮭。是一僻靜優美、頗值一遊的景點。

觀魚臺▼

(圖片提供/雪霸國家公園管理處　攝影/張燕伶)

雪霸的點點滴滴

除了帶隊，解說員還有一種服勤方式是駐站，就是到總管理處、任一個遊客中心，或鮭魚館、觀魚臺（在武陵）、山椒魚棲地（在觀霧）、二本松和丸田炮臺（在雪見）擔任駐站解說員，主要任務就是等遊客來問：「請問廁所在哪裡？」——開玩笑的啦！主要是提供諮詢、導館介紹，其實也提供很多自然生態知識，只是不像在步道上容易出現各種「狀況」（例如新開的花或剛出現的昆蟲），可以更有把握的完成解說員的任務而已。

我雖然和解說員同學們都相處得不錯，但是後來發現好像很少人願意跟我一起帶隊（如果一團將近四十個人，就會分成兩隊，由兩名解說員負責），因為兩人各自帶著二十個人出發走步道，他會發現他的人越來越少、而我的人卻越來越多。

這絕對不是因為我講得比他（她）好，而是遊客對苦苓當解說員覺得好奇，想看看

這傢伙到底是不是玩真的，就不約而同都跑過來了，害我對另外一個帶隊的同學很不好意思。日子久了，自然也沒有人要跟我一起帶隊，我也只好專門挑選二十人以下的團體，免得大家都尷尬。

知道了我們「認領」團隊的方式，也解答了很多人在我演講時或臉書上的問題：怎麼樣才能聽到我帶隊解說？答案是要碰運氣，因為團隊是自由認領、不可以指定解說員的。往往一群遊客到了山上，才發現帶隊的解說員是我，說是又驚又喜有點誇張，但應該都還覺得滿慶幸的。

我最感動的是一個女孩，她聽說我暑假上山的機會比較多，居然就一個人跑來雪霸，傻傻的等了好幾天，竟然真的碰到了我！

而她的目的，只是要拿我的幾本書給我簽名、表示鼓勵而已，當時真是讓我既慚愧又感動，看她心滿意足背著重重的背包離開的身影，我不由得也紅了眼眶。

14 小小「阿姑」發威記

要不是我們這麼多真菌在每個地方、日以繼夜的處理，
這個世界上不到處都是屍體？看你們怎麼活得下去！

「哇！阿姑！」發出這種叫聲時，感覺自己好像變成了泰雅小女孩瓦幸，只有她才會有這種「幼稚」的反應吧？但我也許受了她影響，在煙聲瀑布步道（註）路旁看見這些小小菌（蕈）類時，仍忍不住幾分驚喜。

「喂，你在山裡面那麼久了，還含糊其詞的叫我阿姑，未免太混了吧？」

果然傳來了教訓我的聲音，而且聲源不止一處，好像是多聲道，我趕快低頭致意，仔細觀察。

「不好意思，我學藝不精，你……應該是蘑菇類吧！」還好它長得不太怪異，「我都習慣把真菌類叫作阿姑，你、你們別介意哦！」

「是嗎？算你運氣好，七萬五千種真菌裡，就屬我們磨菇是最常見的。那你還認識哪些真菌呢？」

「呃……有啊，香菇、木耳、松茸、靈芝，還有……」

「呔！」被它們叱喝一聲，有如環繞音效，「你只知道吃的，愛呷鬼（閩南語：貪吃鬼）！讓麵包和果汁發酵的是真

▼木耳

菌，讓你的皮衣、皮鞋發霉的也是真菌……」

「我知道、我知道，」我趕快接口，正所謂猛虎難敵猴群，「讓食物腐爛發霉的是真菌，我的香港腳也是真菌……」

「喂！你怎麼都說些不好的？」沒想到我的附和卻讓它們不太高興，「你是不爽我們真菌勢力太大嗎？」

「沒有沒有，那些好吃的乳酪，也是靠真菌製成的，還有醫治我們人類的重要藥物青黴素，也是真菌呢！」

這下子總算讓它們開心了，不再「圍攻」我，我也乘機多問一點，「我昨天才經過這裡，並沒有看見你們，怎麼一夜之間就出現了？你們也……長得太快了吧！」

「哈！」一個哈之後接連著好幾個哈，很像加了迴音的麥克風，「你哪裡看得到我們？我們的菌絲老早就在這段腐爛的木頭裡了，今天是生殖體長出來了，你才有幸看得見的！」

「哦，對、對，」我想起了以前上課學過的，真菌的菌絲在地下蔓延，一旦天氣溫暖潮濕，生殖體、也就是我們平常看到的那把小雨傘就長出來，「那我可以……細看一下嗎？」

「可以呀，我們很多個，看幾下都行。」

它們倒是很大方，我幾乎是趴在地上，看它由一顆細小的滾圓菌蕾，生出一條條密集的菌絲，合成了「傘柄」的部分，到上面長成肉質的菌帽（傘蓋），而菌帽底下……我的鼻子快湊近泥土了，才看見底下是輻射狀的菌褶（傘骨），一條條棒狀的菌絲末端，應該就是孢子吧……這麼精密複雜的構造，真的可以在一夜之間完成嗎？

「你想不想看我們送小孩？」

「什麼送小孩？把你們送給小孩嗎？」我大惑不解。

「厚——你很笨耶！就是把我們的小孩送出去，啊就是撒孢子啦！這樣懂不懂？」

「哦——」我恍然大悟，我們人類習慣了叫人家種子、孢子，都沒想到其實那就是人家的孩子，「怎麼送？」

「你彈一下我的菌帽，要輕——輕的哦！」

「哦，好，」我用拇指和食指，輕、輕、輕的彈了「傘蓋」一

▼ 蕈傘

下，果然紛紛掉下了像胡椒粉一般的微粒，這就是孢子了！雖然在蕨類的身上看過很多，但第一次在菌類身上看到，而且還親手幫它彈出來，我還是很興奮。

「這樣……你們就有後代了嗎？」

「開玩笑！哪有這麼容易？我們一朵蘑菇就有幾億顆孢子，可以這樣射出來，也可以靠雨水、主要是靠風傳播，這麼小的孢子可以飄揚千里、落地發芽，所以我們的勢力才那麼大呀！」

「可是你們沒有根、莖、葉，人家藻類起碼還有葉綠素，你們連葉綠素也沒有，啊是要怎麼跟人家拚呀？」我稍稍的冒險挑釁一下，反正大家那麼熟了。

「沒錯，所以我們不能自製養分，就得從別的動植物身上吸收，而且……」它們忽然一起壓低了聲音，我盡量把耳朵靠近，「不論死活哦！」

嚇得我差點摔個狗吃屎，它們又得意的「連環笑」起來，「就寄生在植物上呀，當然有可能造成它生病，那也怪不得我們，大家要活命嘛！其實如果它比較識相的話，像松啊、蘭啊，我們的菌絲會繞著它的根、甚至穿過去……」

「穿過去？那不更慘？」

「不會啊，這樣就形成菌根，我們供應水和礦物質給植物的根，它也供應養分給我們，大家互惠嘛！」

我想起之前相思樹也告訴過我它的菌根，自己還真是不受教，「那也有寄生在動物的囉？」

「那當然，有一種真菌的菌絲像套索一樣，可以把線蟲抓住，把它身體裡的物質──條！吸乾！」

我才發現它們滿喜歡搞恐怖的，是不是和常吃屍體──當然是指動物、植物的──有關？

「沒錯，其實我們大部分是長在動植物的殘骸上，菌絲可以穿過已經死掉的組織，加速它的分解和腐敗……」這下它不陰沉了，反而理直氣壯，「要不是我們這麼多真菌在每個地方、日以繼夜的處理，這個世界上不到處都是屍體？看你們怎麼活得下去？」

▲ 珊瑚狀的蕈類

「是、是，你們是偉大的清道夫、無私的殯葬師，沒有你們去舊，世界又怎麼迎新呢？」這番話我倒是由衷之言，其實就連細菌又何嘗不是？只是細菌既不在場，也就不必多費唇舌了，再說人家未必領情。

「那你們……不只有蘑菇狀、也就是傘狀的吧？」

「當然啦！有些就一大顆圓圓的像球一樣（馬勒）、有些外皮會破開像星星（地星）、有些像小杯子（鳥巢菌）、有些像羊肚（羊肚菌），連像花椰菜、像珊瑚叢的都有……別小看我們了！」

「我哪有？」其實我心裡想的是「我哪敢」，「不管長怎樣，你們的生殖體一定會露出來嗎？」

「不見得，塊菌就不會，它長在樹根旁，就你鼻子那麼大吧！白的、黑的、棕色的都有，很香哦！」

「我知道了！那就是松露嘛！要用受過訓練的豬或狗來找，只有它們聞得到、挖得出來，嘿，那可值錢了！」

鹿角狀的蕈類 ▼

「值什麼？不也就跟我們一樣是真菌嗎？反正你們人類愛吃我們，已經多少萬年了……」它們忽然又冒出一句，真是語不驚人死不休，「被毒死的也不少！」

我又是懍然一驚，確實很多人採食蘑菇，也很多人知道它有毒，只是有的只讓你不舒服、有的卻會要人命……就算你自以為是認識的、安全的菇，卻也可能是別的品種，吃了照樣一命嗚呼，「所以還是去買專門培植來吃的蘑菇比較好，免得又說是我們害的。」

「好像有的蘑菇吃了還會起幻覺，是怎樣？」

「有啊，像巴西蘑菇就是，喂，我們長菇是為了生小孩，不是給你們吃著玩的，起幻覺也是活該呀，這只能證明我們……法力無邊！」

「說到法力，」我看看天色漸黑，也該啟程下山了，「你們這一群小蘑菇怎麼那麼好玩，就排成一個可愛的小圈圈！我們人類有一個傳說，地上的蘑菇圈是晚上仙子在這裡跳舞、留下來的痕跡呢！」

▲ 小菇成群

「哈哈哈……」這一圈蘑菇果然笑了起來，笑聲此起彼落，到現在我也不知道它們是一個代表發音、其他的附和，還是大家很有默契講的都一模一樣。「真幼稚！什麼仙環？我們的菌絲是由中心向外生長的，長到周圍一樣距離的地方，菌帽一起冒出來了，不就形成一個環狀了嗎？怎麼樣？說穿了就不稀奇了？」

我最討厭「科學」的實際老是破壞「文學」的想像了。既然如此，乾脆就跟它們「科學」下去：「我在書上看過，有些真菌——像黏菌，在腐敗的植物上可以像大隻的變形蟲一樣蠕動，去吃微生物和腐敗的植物殘渣……」

這下引起它們的興趣了，難得都不作聲，「一般來說，會移動的是動物，不會移動的是植物，那你們有的像植物、有的像動物，這個黏菌根本是動物，你們到底是植物還是動物呢？」

它們左搖右晃，看起來像在交頭接耳，終於有一朵稍微大一點、看起來像頭頭的蘑菇開口了，「我們從來就認為，動物是一類，植物是一類，我們真菌是單獨一類，我們啊，既不是植物也不是動物，我們就是……真，菌，類。」

「哦。」好像也有道理，好像我也沒話說了，好在天真的黑了，我終究要離開這些難纏的小傢伙了。

（註）煙聲瀑布步道：位於雪霸國家公園武陵遊憩區，由武陵山莊經桃山吊橋至煙聲瀑布，全長四公里，沿途松林茂密，杜鵑散布，尤其鳥類特多，甚至可見帝雉徘徊，並可眺望整個武陵溪谷。全程均為平緩人工路面，是一悠閒散心的好地方。

煙聲瀑布▼

(圖片提供/雪霸國家公園管理處　攝影/張燕伶)

雪霸的點點滴滴

其實解說員講解得精采與否，和步道的自然生態豐富程度也很有關係，假如植物種類很多，尤其是繁花盛開、蜂蝶飛舞，又有許多小鳥飛過，那就不怕沒有題材可說，可以大顯身手。

但有的步道林相單一，植被也不豐富，蟲鳥自然也就少了（因為單一物種只能提供一種食物，就像只賣便當而不是把費，客人自然會比較少），解說員又不能平空講解大家看不到的東西，那種時候就大傷腦筋了。

有時候連樹枝上的一隻蟬蛻（蟬脫下的殼）、草叢上的一張蜘蛛網，甚至路邊長滿青苔的一顆石頭都視若珍寶，要好好拿來發揮一下，以免面臨一群人默默低頭前進、似乎毫無樂趣的尷尬場面。

但有的步道實在太單調又太漫長，講到後來實在無話可說，我只好使出絕招，來一

個「感性解說」。就是要大家停止前進、閉上眼睛（當人關閉視覺，聽覺就會變得特別敏銳），我會說：「注意聽！大家有沒有聽到：風吹過樹木的聲音、水滴落在石頭上的聲音、小動物踩過落葉的聲音，還有遠遠的地方，傳來……來喔！來買粿喔（閩南語）的廣播聲……」

於是遊客們全都閉上眼睛，果然也都聽到了這些原本未曾注意的聲音，感覺又是跟自然接觸的另一種方式，也是人生難得的不同體驗。而對身為解說員的我來說，對自己想出來的這種特別的「解說」方式，也有些洋洋自得。

但是有一次，我又在這條步道上的最末端「重施故技」時，不知怎的，那天森林裡出奇的安靜，連一點點聲音、不管什麼聲音都沒有。

當大家閉著眼睛，正在聽我說「注意聽！你有沒有聽到……」的時候，我卻接不下去了，因為四面八方真的一點聲音都沒了，我想遊客們一定會覺得我在「莊孝維」（閩南語）吧！

正在這個緊要關頭，幸好我靈機一動，說：「有沒有聽到？有沒有聽到？這就是──寧靜。而寧靜不就是我們在都市裡最缺乏、在生活中最渴求的嗎？現在你終於體會到了！」

大家睜開眼睛，露出滿意的微笑，我也偷偷鬆了一口氣。原來解說這件看似平常的事情，也是有它的風險在的。

15 貓頭鷹與蝙蝠對話錄

我們蝙蝠可是唯一、真正會飛的哺乳動物呢！
不像飛鼠，它只是用身體兩側的膜在滑翔，不算會飛的啦！

白面鼯鼠▲

明亮的星星一顆顆從夜空升起，我走在雪見的林間步道（註）上，不時看見森林中一對明亮的眼睛，那應該是山羌吧？白天老是有點淒涼的學著狗吠的小傢伙，我想起雪見這裡的泰雅名叫「彎拔辣」，就是山羌很多的意思。

偶而也會有飛鼠在枝頭，一樣閃著明亮的眼睛，不時爬動幾下，然後就「咻——」的一下，像一塊張開的白色抹布般飄到對面的山谷。用這樣形容實在對它不好意思，但誰叫白面鼯鼠就是一大片白白的肚子呢？

好像自己從沒跟這些夜晚出沒的動物交談過。不過它們之所以夜行，正因為不想跟別人打交道，我有機會取得它們的信任嗎？畢竟在黑暗中看不清表情和動作，被誤會的可能性更高……但貪心的我還是想試試看。

走入密林深處，原來的山羌和飛鼠卻不見了，我聽見「呼呼——」的貓頭鷹叫聲，兩聲一句的，應該是黃嘴角鴞（ㄒㄧㄠ）吧；如果是「呼——呼——」的，就是領角鴞了；至於鵂鶹（ㄒㄧㄡ ㄌㄧˊㄡ），據說是「呼、呼、呼……」的連續叫個不停，但我還沒親耳聽過。

「你很厲害啊，在黑夜裡還行動自如。」貓頭鷹忽然跟我說話了，我正驚喜的要回答，卻聽到應該是蝙蝠的吱吱聲。

▼ 領角鴞

「哪裡？你才厲害，一對大眼睛不長在兩側卻長在正面，這樣很難判斷物體的大小和遠近吧！」竟然是蝙蝠跟貓頭鷹交談，原來動物之間也能互相溝通呀！而能夠和所有生物溝通的我，這時候反而成了一個偷聽者了。

「可是我的眼睛在眼窩裡是不能轉動的……」

「難怪你老是把頭轉來轉去的，要不然就看不到兩邊了，像我在你右後方，你的頭轉得過來嗎？」這隻蝙蝠問的正是我最想知道的，我窮極目力，卻看不見它們，又不敢打開手電筒，怕它們驚飛而散，只能焦急的豎直耳朵。

「哇！真的什麼角度都能轉耶！」看來貓頭鷹的「表演」讓蝙蝠很滿意，它又接著追問，「聽說如果有人繞著你走一圈，你的脖子就會跟著人轉一圈而扭斷，真的嗎？」

「別鬧了！」貓頭鷹一副老學究訓斥小頑童的口氣，「我如果轉到極限，當然會急轉回另一邊。其實厲害的是我的眼裡密布感光細胞，再弱的光也感受得到……」

「而且……我看到了！你的瞳孔好大，光線一定都進得來！」想來這隻蝙蝠一定離它很近

鵂鶹 ▲

了，真是大膽，不知道貓頭鷹吃不吃蝙蝠呢？「可是如果是完全黑暗的時候，你也看得到嗎？」

「當然不行啊，但是我還有耳朵呀！」

「哦對對，你頭頂上那兩隻長長的……」

「那不是耳朵！」蝙蝠又被訓了，「那是頭上的兩簇羽毛而已，叫作角羽。我的耳朵被眼睛後面的羽毛蓋住了，所以你看不到。」

「我當然知道啊，不然沒有角羽的鵂鶹豈不是聾子了？」沒想到它們還會開玩笑，我還以為這是人類的專利，「可是我注意到有些貓頭鷹的兩個耳孔還是左右不對稱的，為什麼？」

「你倒是觀察入微嘛！」貓頭鷹的口吻變得有些嘉許了，「兩隻耳朵聽到聲音的位置不一樣，就可以判斷聲音是從哪裡來的……喂，別盡說我了，那你呢？你又是憑什麼在晚上出來混的？」

「我啊，我們除了一種叫狐蝠的、視力跟你差不多以外，其他都是用聲音來判別方向的。」

▼ 臺灣葉鼻蝠

「用聲音？光聽就夠了嗎？但是很多東西是不會出聲音的，那你們飛行的時候不會撞到嗎？」原來貓頭鷹也是有好奇心的，看它那大腦袋、圓眼睛和胖嘟嘟的身體，我還以為它真的是飽學之士呢。

「不是聽，我們會發出高頻率的聲音，這個……一般動物聽不到的，但是它碰到東西會反射回來，我們就測得出距離，可以避開障礙物、也找得出獵物。」

「是這樣啊？但是你怎麼知道聲波碰到的是會擋住你的樹枝、還是好吃的小蟲呢？」看來這位「學者」還頗有「打破砂鍋問到底」的精神。

「可以啊，不同的東西反射回來的聲波不一樣，我們只要半秒鐘就可以定位、判斷，該躲的就躲、該抓的就抓啦！」

「難怪你們老是一大群、幾千萬隻一起飛也沒問題，不像我們，通常都只能獨來獨往。」貓頭鷹好像有點感嘆。

「哦……那你們有時候整夜在叫，是為了互相聯絡嗎？」這下又換蝙蝠發問了，我樂得在黑暗中輕鬆的「旁聽」，「你們的叫聲很多種耶，有時候像叫囂，有時候像呼嘯，也有尖叫、也有哀號，甚至有像是大笑和嚎叫的聲音，這樣算是……感情很豐富吧？」

「不止呢，我還會用嘴巴發出『卡搭、卡搭』的聲音，也會用力拍翅膀出聲，像這樣……『撲、撲、撲』……」

「難怪人類晚上不敢進森林，光是被你嚇就嚇死了！」蝙蝠的口吻有點幸災樂禍，我為了多聽一些，也只好忍著不抗議，「不過你一般的聲音很低沉，好像是從腹部發出來的，為什麼？你以為自己是一隻蟬嗎？」

「你才是一隻蟬呢！」貓頭鷹也受不了蝙蝠的搞笑，「是怕被大隻貓頭鷹聽到，它會吃小隻的，你知道嗎？」

「是哦，我知道你們吃鼠類、鳥類、蛇、蜥蜴、青蛙、昆蟲甚至魚類，菜單夠豐富了，幹嘛還吃自己人呀？」

「我也不知道，或許這就是猛禽嗜殺的天性吧？」

「猛禽？有沒有搞錯？我知道鷹、鷲（ㄐㄧㄡˋ）是猛禽，像你這麼可愛……我是說溫柔敦厚的樣子，猛什麼？」

「別忘了我是吃肉的，看我的嘴是鉤狀的，粗壯的腿和長爪，一面用腳抓捕獵物，一面用

▼蝙蝠群

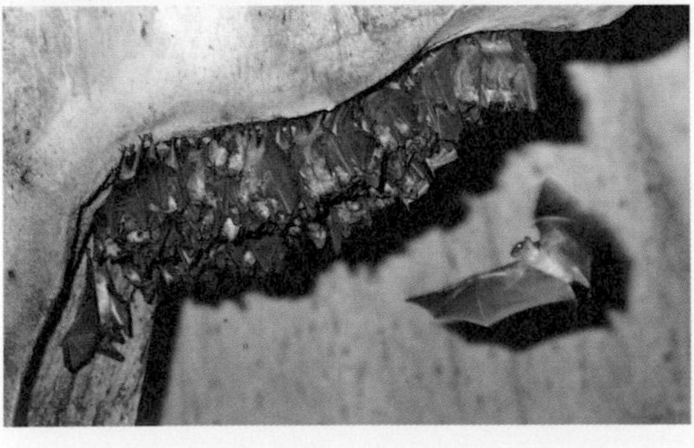

爪刺入它的身體，再用鉤型嘴把它啄死……」

蝙蝠似乎被它敘述的「殺戮畫面」嚇壞了，半天不吭聲，「那……那你不用先剝皮、除毛嗎？」

「不用啊，只要吞得下就連毛皮帶骨肉一起吞，反正消化不了的會在我身體裡壓縮成一顆毛球，第二天就吐出來了。」

「我知道了！好像貓也會這樣。難怪你住的樹下，老有一顆顆的球，我以前還以為，這傢伙的便便好奇怪呢！」蝙蝠驚魂已定，又興奮起來，「還是我比較輕鬆，在空中抓蟲吃就夠了，而且昆蟲永遠是最多的，怎麼吃也吃不完。有啊，也有吃水果的，像剛才說的狐蝠就是；還有一種長舌頭的，可以伸到花朵裡舔花蜜和花粉，吃得多好啊，那才叫占盡便宜……」

「那你們都是吃素的？不會吧？」

老學究果然一針見血，蝙蝠變得有點支支吾吾，「也有抓魚的，吃鼠、蛙、小鳥的，不過我們，不是我啦，是它們，它們不像你會吐球，都要先拔鳥毛、剝鼠皮，也是很辛苦的。」

「那……吸血的就不辛苦了吧？」貓頭鷹又出招了。

「呃，那是魑（ㄔ）蝠，它很小隻，還沒有人的手掌大，其實它們不是吸血，是輕輕落在動物身上，它的牙像刀片一樣鋒利，會咬開一小片皮，先吐出口水不讓血凝結，然後捲起舌頭，形成一條小槽，把血引進嘴裡……嚴格講，它不算吸血，是快速的舔血啦！」

這下子聽得毛骨悚然的反而是我了，貓頭鷹倒是老神在在，「都吸……舔什麼動物啊？牛、馬、還是人？」

「其實……都有啦，不過一隻蝙蝠一年只喝十幾公升的血，並不算多，被害者……不會死啦！」

「嘿嘿嘿……」貓頭鷹發出有點陰險的笑聲，「還說我嚇人呢，人應該更怕你們吧？」

我正在擔心它把氣氛搞僵，這一場「夜話」無以為繼，它倒主動改變話題了，「不過你不是鳥卻能飛，這是真本事！」

「那可不！」原本有點羞愧的蝙蝠又振奮起來了，「我們可是唯一、真正會飛的哺乳動物呢！不像飛鼠，它只是用身體兩側的膜在滑翔，不算會飛的啦！」

「你們是真的把前肢變成翅膀了，的確可以飛，但是我看你們的翅膀長得也不太相同吧？」

「沒錯，你明察秋毫，」蝙蝠的口吻有點狗腿，連一向喜歡奉承生物的我也聽不慣，「需要長途飛行的，翅膀就狹長；要急速轉向的，就得有短而闊的翅膀；有些要在花叢之間吸蜜的，翅膀的中段就拱起來，方便行動……說起來，我們也很多樣化呢！」

「但是你們的翅膀不是很夠力吧？」貓頭鷹直指要害，「我是說升空的時候，需要助跑嗎？」

「是……不夠力，哪有地方助跑？我們不是倒掛著嗎？必須先得往下掉，在空中才能用力一躍起飛……畢竟我們不是鳥類嘛，慚愧、慚愧、慚愧。」

我正在心中稱讚這隻蝙蝠很有幽默感，卻換它發問了，「你會飛那是理所當然的，但我好奇的是：為什麼你飛的時候幾乎一點聲音都沒有，獵物根本察覺不到呢？」

▲ 貓頭鷹白天的偽裝

「你看我的羽毛很柔軟，而且看起來有些地方有缺口對不對？這樣飛起來阻力小，就能減少跟空氣摩擦的聲音，所以能靜悄悄的飛，神不知鬼不覺的一抓！」它忽然提高了音量，把我跟蝙蝠都嚇了一跳。

「那你白天呢？白天都幹嘛去了？」

「太陽一升起來，就是我們貓頭鷹睡覺的時間啦！要不在靠近樹幹、枝葉濃密的地方，要不乾脆在樹洞、地洞裡。」

「對啊，像你這樣黃褐色的羽毛，又斑駁交錯的，遠看就像一根樹椿，或掉下來的一大片樹皮，不容易被發現的……不過你們白天一定不出來嗎？」

「不見得，像短耳鴞是專門在田裡捕老鼠的，它就是白天活動。還有我們如果食物不夠，或小孩生太多了，有時候白天也得出來覓食……唉，生活不容易呀！」

「那可不？養小孩多辛苦。像我們的小蝙蝠，既沒有毛，也看不見，只有緊緊靠著媽媽的肚子，有的就讓媽媽帶著出去覓食，也有的留在大家同住的家裡，反正最重要的是要吃奶。」

「吃奶？那還真麻煩！哺乳動物就是落後，」貓頭鷹又激起我抗議的念頭了，蝙蝠倒沒意見，好像今晚從一開始它就保持低姿勢，「要麻煩多久啊？」

「小的幾個禮拜，如果是大型的，吃上五個月的母乳都有可能，誰說生活容易呢？」

「嘖、嘖、」貓頭鷹似乎感同身受，「還好啦，至少你們大白天都是一大群待在黑暗安靜的地方，大家互相照應，而且……你們好像還會冬眠不是嗎？」

「嗯，其實我們有的在白天休息的時候，就會自己降低體溫了。冬天食物不夠，如果能找到溫度低、但又不會結冰的洞穴，我們就可以降低體溫、放慢新陳代謝，靠身體裡的脂肪熬過寒天，等到明年……又是一條好漢！」

「好吧，我們各有所長，也都有辛苦的地方，大家都加油吧！」貓頭鷹很客氣的下了結論，「很高興認識你，也很高興底下那個人都沒有打擾我們。」

原來他們早就發現我了！我正想解釋自己並非有意偷聽，蝙蝠卻先回應了，「我也很高興認識你，更高興遇到那個不適合夜間生活、卻非要在晚上跑出來的人！」

「我……」我正要開口，頭上卻傳來極細微的翅翼拍動聲，由近而遠，終至一片寂靜。

想來它們兩位都走了，只留下我，在無邊無際的黑暗中。

（註）雪見林間步道：位於雪霸國家公園雪見遊憩區內，由司馬限林道經二本松、丸田砲臺，沿路可遠眺聖稜線，遊客中心旁並有長約一公里之松木棧道，環境幽雅沁涼，花香輕溢、鳥啼偶傳，樹上並有許多奇特的「蝙蝠屋」。

▼雪見林間步道（攝影/陳應欽）

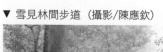

雪霸的點點滴滴

比起看到植物，遊客們如果看到動物當然會更興奮。問題是昆蟲和小鳥都是飛來飛去，很難乖乖停下來讓你解說（我們又不是在做動物頻道的節目），其他動物多半膽小，這麼一大群人的喧嘩加上解說員的高聲解說，早就不知道躲到哪裡去了，怎麼可能出來「見客」？

其實大部分動物都是在夜間活動，真的想看到，就要另闢蹊徑：老練的解說員會告訴你，在傍晚的時候哪裡可以看到大批蝙蝠出沒──如果你覺得蝙蝠的長相有點可怖，那也可以在黃昏的時候去看飛鼠，它們睜著大大的眼睛、抱著樹幹看著你的樣子，實在是可愛極了。

而飛鼠從一棵高高的樹上優雅滑翔到另一個樹上的畫面，更是令人印象深刻。有一個不太好聽卻很適切的比喻：就好像一塊塊白色的抹布（飛鼠展開手腳之後，連肚子

一整片是白色的）在夜空中飄來飄去。

雪霸的同仁還曾經想過要研發製造飛鼠形狀的抹布，限量生產提供給遊客購買，這個想法後來有沒有實現我不知道，但飛鼠在夜空中翱翔的樣子，卻已經是我腦海中永遠無法忘懷的畫面。

此外，晚上還可以看山羌，不必刻意去尋找，只要你開車在馬路上，注意路邊黑暗的地方，閃著兩點亮光，那就是山羌的眼睛了。它們正躲在沒有光線的草地上用晚餐，如果不是熟悉環境的解說員「道相報」（閩南語），你永遠也不會知道自己距離山羌那麼近，也是一個難得的經驗。

山羌膽子也很小，一般除了在宜蘭的福山植物園很容易看到，在其他森林裡倒是不太容易碰上這個「四目仔」（閩南語，因山羌的兩眼下有明顯的頰腺，看來好像有四顆眼睛。）

倒是走在步道上時，有時候會聽到「怒！」的一聲，通常大家會以為是狗叫，但狗叫不會只有一聲，這其實是山羌在叫。因為山羌是有地域性的，有人入侵它的地盤，就發出叫聲警告，希望對方識相一點、早一點滾開。

這時候我就會玩一個遊戲給大家看：我就學它的叫聲，「怒！」的一聲回嗆它；它以為是別的山羌來了，就更大聲的「怒！」回來，我再給它「怒！」過去……

幾個來回之後，它終於發火了，狠狠的叫了一聲「贛！」——真的！我不是開玩笑，原住民朋友都可以幫我證明這一點，它不是講髒話，而是真的生氣了、發出比較粗暴而低沉的聲音，聽起來真的很像「贛！」，可別說它沒禮貌哦！

和杜鵑花精靈去爬山

16

這世界上的每一朵花，
都是獨一無二的。
光是杜鵑花，
就有多麼不同、多麼不一樣的美！

滿山遍野的紅花。

我置身在花海裡，心情不是「驚喜」二字就可以形容，應該說是喜出望外吧？「浪跡」山林多年，雖然早已知道五、六月山上會有紅毛杜鵑開放，但如未身歷其境，仍不知會是這樣的盛況。

難怪閩南語叫杜鵑花是「滿山紅」、「映山紅」，果真如此。

就在我陶醉於花海時，有一朵杜鵑卻飛了起來，輕飄飄的，而且是幾乎透明的，不太真實，有點像是雷射光影的花朵，竟然悄悄停在我手上。沒有觸感，也沒有重量，我伸出另一手去碰它，手指卻穿透了過去，這是一種新科技嗎？還是自然界的幻象。

「你好，我是杜鵑花的精靈。」它輕聲說著，我嚇得差點收回手去，半透明的花朵在我掌上晃動了一下，怎麼現在不只是植物，連植物的靈也來和我溝通了？

「你別擔心，我們只是想多讓你認識杜鵑花這個美麗的家族，因為我們散布各處、種類繁多，你可能沒有時間、也沒有機會一一認識，所以才派我做代表……」

紅毛杜鵑▼

原來是「花代表」呀！真是求之不得，要是每一種植物、動物都肯派這種代表、或是發言人來見我，我也就不必東奔西跑、到處訪談，到現在還是所知非常有限了。我立刻熱情的大表歡迎之意。

「但我們也想知道，你對我們有多少認識？例如杜鵑也是鳥的名字，為什麼有花和鳥同名呢？」原來這個代表還負責考核呢！我想起「天堂鳥」的花、鳥因為相像所以同名，但杜鵑花可更有來歷，幸好自己是中文系出身的。

▲ 杜鵑

「哦，那是因為周……不是周朝，是五代的周，有一個蜀王叫作杜宇，號望帝，他愛民如子，結果有一次發生水災死了很多人，他就自責讓出王位，而且隱居深山。即使死了以後，他還念念不忘這些災民，就變成了一隻鳥，叫聲很淒厲，好像叫著『子歸、子歸』（白話：你回來！），人們就把杜宇變成的鳥叫作杜鵑……」我一口氣說到這裡，看到花精靈都沒吭聲，應該沒出錯吧？「這種鳥的嘴角有紅斑，好像在滴血，而它叫的時候正好有一種花開，這個花朵裡也好像吐血一樣有紅色的斑，所以人們就把這種花也叫作杜鵑了，古詩裡面還寫道：『疑是口中血，滴成枝上花』……

我、我說的還算正確吧？」

它抖了抖花瓣，好像是嫣然一笑，「那是你們人類替我們編的故事，我們沒意見。我想知道的是：你現在身邊看到的杜鵑和平地城市裡的杜鵑有什麼不同，你知道嗎？」

「哦，早說嘛，」害我說了一大段和自然無關的「社會」故事，「城市裡，像臺灣大學裡面那些杜鵑是園藝種的，除了烏來杜鵑之外，大部分來自日本，它們的葉子像紙一樣薄薄的，花朵比較大而且鮮艷，大多是低矮的灌木……」

▲ 紅毛杜鵑

「那你身邊這個紅毛杜鵑就不是灌木了？」

「也是、也是，杜鵑有兩大類，高大喬木的是躑躅類，矮小灌木的是杜鵑類，紅毛杜鵑是後者，但是因為它在比較高的山上，所以葉子像皮革般比較硬（也就是一般所說的「革質」，較薄的則叫「紙質」），而且是反捲的，尖端還很銳利哦……」我舞著手臂，一不小心就被刺了一下。「它的花是粉紅、桃紅色，也有深到磚紅色的，但沒有很艷麗的顏色，花朵裡面有紅斑，大概兩到五朵一叢長在枝端，還有……」我看看花精靈，它好像對我眨了眨眼，「啊對，紅毛！因為它整株有灰紅色的絨毛，所以叫紅毛杜鵑啦！」

「看來你知道的還不少嘛？」

「哪有？」我倒有點不好意思了，「我還知道紅毛杜鵑喜歡住在乾冷開闊的地方，好像滿喜歡松樹下面的，對了，你們和松針一樣都會下毒、讓別人長不起來吧？」

「哪有？」它左右搖擺，好像有點動怒了，「我們只是喜歡酸性土壤，那住久了之後土變得更酸了，別人長不出來怎能怪我們？我們才不像松樹那樣，公然撒松針下毒！」

「說到松樹，杜鵑還滿常長在松樹下的，而且常常是崩塌過、火燒過的地方，喂，是不是你們和松樹聯合放火呀？」（註）

我故意逗它，它真的翻臉了，一下子飄到離我好遠，「我們這麼嬌小，哪有能力放火？是松樹放的火，我們只是生命力強、剛好也適合在這種地方生長而已，你、你別冤枉人！」

▼ 金毛杜鵑

「好啦、好啦，我是開玩笑的，那我請教你，紅毛杜鵑和金毛杜鵑長得好像，要怎麼分呀？」

「這你也不會？」它好像白了我一眼，卻又靠過來，「整株紅褐色絨毛的是紅毛，白色短剛毛的就是金毛杜鵑了。」

「哦！」我恍然大悟，看來今天碰到這位花代表，可有不少收穫，「那你還想介紹我認識誰呢？」

▲ 西施杜鵑花

「認識可以，但可要一步一步往山上爬哦，你行嗎？」

「爬山？除了爬格子，我大概也只會爬山了，沒問題！」

於是我告別這一片花海，跟著花精靈慢慢往高處走，大約半小時多吧，就看到了長得好高的杜鵑花，「奇怪？這是躑躅類的喬木，應該在比較高的地方，怎麼才海拔兩千多公尺就有了？」

「哈哈！這是低海拔唯一看得到的喬木杜鵑，叫作西施花。」它飄到其中一朵上面去了，好像在跟它打招呼。

「啊！我想起來了！」我看著它大大的、革質的、而且沒有毛的葉子，在腦中對照書上所學，再看到它奇大無比的花朵，直徑大概有六公分吧！一般都是兩、三朵叢生在枝頂，也有單朵的，大約是白色到淡紅色的花朵，看起來就十分的高雅。

「你湊近聞聞看，還有香氣呢！」

我靠近其中勉強搆得到的一朵，深深的聞了聞，真是芬芳怡人，難怪它要特別被叫作「西施花」，擺明了就是一個大美人嘛！可是有幾朵的花蕾卻明顯的歪向一邊，難道是伸長了脖子想看我嗎？「別臭美了！那是剛被大雨給打歪的。」

沒想到連我想什麼都一清二楚，花精靈果然不同凡響。

告別了大美人西施花，大概海拔兩千三、四百公尺吧，路邊出現了葉子特別、特別細小，甚至一片只有一個指甲蓋大的杜鵑，「這個我知道！是細葉杜鵑，因為在志佳陽山發現命名，所以又叫志佳陽杜鵑！」

它的葉子細小，與其說是杜鵑，長得還比較像假柃木呢！但花朵雖小而顏色鮮豔，不是那種俗麗哦，而是充滿春天的喜氣，有點接近桃紅又淡雅一些，如果剛才的西施花算是大家閨秀的話，它可算是小家碧玉了。

我開心的跟著花精靈觀賞了兩種杜鵑，卻一直沒見到大名鼎鼎的臺灣杜鵑，人家可是特有種呢！「有啊，你得往山頂上、岩壁間看，才有機會一睹芳顏呀！」又被發現我的心事了，我停步觀望，果然看見了臺灣杜鵑的芳蹤。

臺灣杜鵑 ▲

「它的花梗沒有毛，葉子當然也是革質的，但是油亮亮，而且很厚，尤其葉子的背面還有黃色的粉底。」花精靈耐心的教我分辨它的訣竅。只見枝葉頂上生的花有白的、也有紅的，但是形狀不一樣，不像一般杜鵑是碗狀或喇叭狀，「它長得好像漏斗哦，真好玩！」

「你就不會說風鈴嗎？呆瓜！」這不知是花精靈的看法還是臺灣杜鵑的意見，但對這株高大雅潔的杜鵑來說，把它的花形容成一簇簇的風鈴，的確是適合多了，「虧你還是作家呢！」隱約聽到有人這麼說，我裝作沒聽見，盡情欣賞這難得一見的美麗花朵。

「哇！」又爬了好一段山路，不知不覺走到三千公尺高，我又張大了嘴巴。剛才說西施花的花大，現在這個……應該是森氏杜鵑吧……花精靈沒講話，應該是默認了……更大，它的葉子簡直就有大亨堡、就是超商賣的熱狗麵包那麼大，抱歉我這個作家也只能這樣形容。花精靈也噗嗤一聲笑了，應該是頗有同感。

它的葉子又厚又硬，兩面都是光滑的，不像臺灣杜鵑背後有打粉底，而且也沒長毛，又大又長的一整叢葉子，要是不開花，應該不會有人相信它是杜鵑。

「尤其你看這個葉芽，那麼大一包，感覺好像會長出竹筍或是玉米似的。」當然它的花也不小，應該有三到四公分吧！白色帶粉紅的花，甚至有些淡淡的紫色，裡面有深紅的斑點，「哦，我忘了說，杜鵑裡面這些像吐血的紅斑，其實是蜜斑，就是騙蜜蜂、蝴蝶以為裡面很多蜜，好吸引它們進來傳粉的……」

「你跟誰說啊？這我還不知道嗎？怎麼說是騙人呢？那你們人類的女性又畫眉毛又搽口紅的，也是騙人嗎？」

我又惹惱花精靈了，趕忙解釋，「沒有啦，我是怕讀者不懂、跟他們說的……不是騙人，是引誘，引誘好不好？」

「那還差不多。」是我的想像力太豐富了嗎？幾乎可以看出它嘟著嘴的樣子，「我跟你說，這個森氏杜鵑因為喜歡一大

森氏杜鵑▼

叢、一大叢聚在一起，當初幫它取學名的人，竟然就叫它假菊花（拉丁文：Rhododendron morii Hayata）呢！你說好玩吧？」

好好的欣賞了這個假菊花、真杜鵑，我赫然發現自己一整天也爬了快一千公尺高，心情愉悅，身體卻有點吃不消了，「差不多了吧？臺灣的高山杜鵑我都見識過了吧？」

「誰說的？」老遠傳來不滿的聲音，花精靈倏地往上飄去，我也只得鼓起餘勇，大概再攀爬了三、四百公尺吧，只見玉山杜鵑以王者姿態在山上迎接我。它也是厚厚的大葉子（不用說！不然怎麼抗寒呢？），而且反捲得特別厲害，遠看像一個個八字鬍，我差點笑了出來。

它的花也很大叢，幾乎是十幾二十朵一起生在頂端，花的形狀也不是喇叭狀，是花鐘的形狀，裡面當然也有紅色的斑點……說實在的，和森氏杜鵑有點像，兩個算是表姐妹吧！不過它的花是鮮紅色的，盛開之後變成白色；不管是葉子或花，在陽光下一照都特別的光采奪目，感覺走的完全是「氣質」路線，尤其眼前處處盛開、壯闊的花海，讓人幾乎屏氣凝神的讚嘆。

▲ 玉山杜鵑

「它是位置最高的杜鵑，也是最晚開的杜鵑，所謂後發先至，別人紛紛凋零時，它正含苞待放呢！」花精靈語氣中充滿崇敬，玉山是山之王者，玉山杜鵑當然也是花之王者，它引領我完成對杜鵑花的朝拜之路，我心中又是興奮又是感激，心裡的花也一朵朵的綻開了。

許久許久，我才把目光從玉山杜鵑的壯麗花海中移開，忽然想起自己似乎冷落了花精靈，趕忙尋找它的身影時，卻看見它已飄在我的前方稍遠處，「現在你知道，光是杜鵑花，就有多麼不同、多麼不一樣的美了吧！」

「是呀，而這世界上有那麼那麼多種的花……」我衷心感謝它帶我認識了這麼多種杜鵑花，緊緊注視著它半透明、似乎在夕陽中即將消失的身影。

「我希望你記得，」落日的餘暉在我眼中一閃，花精靈似乎也融入金色的光線中、無法分辨了，「這世界上的每一朵花，都是獨一無二的。」

（註）詳見《苦苓與瓦幸的魔法森林》中〈松的傳奇故事〉。

雪霸的點點滴滴

前面我提過，在雪霸工作的成員、解說志工和保育志工，都是「自然人」。那麼和這些自然相處了八年之久，他們對我有什麼影響呢？

自然人的第一個特色，就是「愛生」。

由於充分了解世界上不管哪一種生物，都是竭盡力量要尋找一條活路，並把它們的後代不斷繁衍下去……生命是如此艱難，因此我們當然會愛惜每一個生命。

例如你叫小男生不要摘花，耳提面命，他卻可能陽奉陰違，但如果透過解說教會他：花是植物的性器官，也就等於是你的小底迪。如果有人要拿走你的小底迪可以嗎？當然不行！所以同樣的道理，你也不可以摘花。

那如果是想吃野生莓果的小女孩呢？解說員會告訴她：果子就是植物的小孩，如果妳把它吃掉了，植物媽媽怎麼辦？就像如果有人把妳帶走了，妳的媽媽一定也會很傷

心不是嗎？這樣她就再也不會去摘野生的果子了。

有一次，我跟解說員同學一起吃晚飯，結果一隻飛蛾掉進湯碗裡了。如果是一般人，正常反應一定是「糟糕！湯不能喝了！」或「這個蛾有沒有毒啊？」我們的同學卻一個箭步衝上前去，小心翼翼把它從湯碗裡撈出來，確定它沒有受傷後，再小心翼翼地把它擦乾。

就這樣放它走嗎？不，大家開始討論它是什麼蛾，到底是鬼臉天蛾，還是什麼皇蛾……七嘴八舌，直到確定它的種類名稱，而且「全體通過」為止。

可以放它走了嗎？還不行！同學們開始輪流讚美它：「你看它的線條多漂亮！」「這種顏色真是太難得了！」把這隻蛾歌頌得好像連尾巴都翹起來了。

最後，大家才心甘情願的派一個人把它小心翼翼捧到窗邊，讓它輕輕飛走……而且，馬上關燈！

因為蛾有向光性，在黑夜裡只要有燈的地方，它就會「飛蛾撲火」的衝過來，難保不會發生什麼「慘劇」。最悲慘的卻是吃飯的我們，一片黑漆漆，一不小心就會把飯粒塞進鼻孔裡。

你可能發現了：我一共用了三次「小心翼翼」，不是詞窮，而是被同學們真心誠意、愛惜生命的行為打動。而你如果連一隻小蟲都捨不得傷害，又怎麼忍心去傷害一個人呢？

難怪有朋友說，我的樣子越來越「慈祥」了；也難怪有朋友看到，我連正在叮我的蚊子也不打。

從小讀的「上天有好生之德」，我到了五十多歲才明白，希望不會太晚。

17 幫小鳥們畫畫像（第一天）

（以下四篇中的鳥類插畫，均為苦苓親手繪製）

空中忽然飛過一大群小鳥，我極目遠眺，
實在看不出是冠羽、綠繡眼、青背或紅頭，
趕忙翻出許久未動的望遠鏡。

我決定幫小鳥們畫像。

能和生物溝通有有一段時間了，可是沒有和小鳥們交談過。因為它們總是來去匆匆，叫也叫不住。我想如果找一隻鳥偷偷畫它的像，它或許會注意到我。然後我再以要幫其他的鳥畫像為藉口，請它幫我介紹。要不然多半膽小的鳥兒，只有清晨或黃昏驚鴻一瞥，我單靠自己，哪有機會和它們多聊幾句？

主意既定，我就在櫻花樹下守候，看見一隻冠羽畫眉正在施展看家本事——倒吊在櫻花下吃蜜，我就打開畫本，笨手笨腳的開始畫起它來……

我不是繪畫本科出身的，又只有一盒十八色鉛筆，要畫這麼小、又充滿變化的鳥還真不容易，我吃力的上著顏色……「你在幹嘛？」細小的聲音嚇了我一跳，原來它已停在我背後，高高翹起的龐克頭，黑眼線，以及胸前黑色的三角巾（我個人覺得比較像八字鬍，但它一定不同意），「我……我在畫你啊，把你的樣子……」它飛到畫本前，看看我畫的櫻花，還有兩個不同角度的冠羽畫眉，點點頭，飛回去繼續吃蜜，並沒開口。

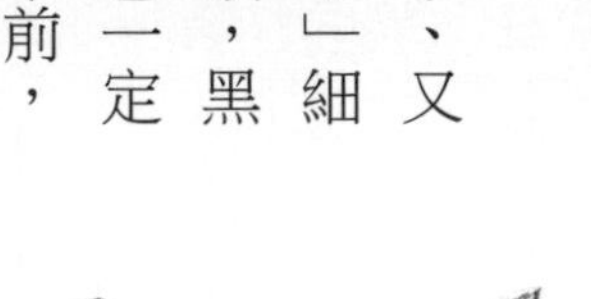

〈冠羽畫眉〉
身體好像要再大些。

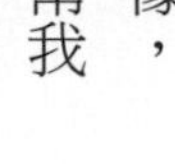

櫻花的蜜
是左邊這個像伙愛吃的。

看來鳥兒自己雖然嘰嘰喳喳，像它們經常一大群在一起，「吐米酒——吐米酒」的叫個不停，卻不太想搭理我，或許還不習慣和人類交談吧！

「你知道倒掛吸蜜是我們的專長吧？」有一隻，不知是否是原來我畫的那隻，在飛過我身邊時忽然說。

「還有在空中捕蟲哦！」另一隻一躍而過，好像真的啄到一隻蟲，但快得我根本看不清。

「還有就是這樣——快速穿梭啦！」一大群一起飛快的衝過枝枒綿密的樹叢，當然沒有一隻不是順利通過。

我仔細一看，裡面好像還有幾隻青背山雀、綠繡眼也和它們混在一起，待會也許可以請它們介紹一下。

「它們就是愛現、愛熱鬧。」一隻也是小小的、蒼綠色鳥兒停在我旁邊，眼睛旁邊白白的一圈，應該是綠繡眼吧，「它們連築巢也築在一起，還互相幫忙餵小孩呢！反正是越熱鬧、它們越開心。」

「因為鳥多勢眾，所以你也……常加入它們的行列？」

「我們平常是一小群，或者成雙成對，可是到了秋冬也會幾百隻聚在一起，聲勢一點也不比它們小。」它停在櫻花枝上不動，我也開始幫它畫像，但僅有十八色的彩筆真的調不出它的顏色，它倒不以為意。

（綠繡眼的顏色調不出來……）
腳是鉛灰色——黃綠色頭；
繡眼畫眉則是褐色——鼠灰色頭。

「倒吊在樹上吃花蜜有什麼難的？因為我們身體輕嘛！」它也掛在櫻花樹上吃起蜜來了，「吃水果也可以這樣吃啊！」它撲撲撲的飛過來看我畫的像，搖搖頭又飛走了，「而且我們的叫聲好聽多了，」它站在枝上，開始「唧尹—唧尹—」的叫，聲音細長婉轉，果然比清亮調皮的「吐米酒」好聽，但也因聲音好聽常被人類捕捉，真是「懷璧其罪」呀！

「請問……你們和繡眼畫眉有什麼明顯的不一樣嗎？」我小心翼翼的問，小鳥只要一飛走，就很難再找回來了。

「嗯……不怪你分不清，它們只比我們大一公分（十一公分與十二公分之差），而且也都有一個圓眼圈，但是頭、腳顏色都不同，而且它們的頭部兩側各有黑色的縱紋……」

「我自己來說吧！」從樹枝上跳著過來的是繡眼畫眉，擺在一起對照，就好認多了，「我們喜歡邊吃邊叫，這一點是最不一樣的。」

「對啊，吵死了！一點都不優雅。」綠繡眼說著就飛走了，留下繡眼畫眉在解釋，「因為我們活動範圍大呀，例如在一個森林的四個角落，有我們四個兄弟姐妹分別在覓食，大家輪流每隔一陣子叫一聲，只要有聽到聲音，就表示很安全可以放心，萬一有一隻忽然不叫了，那一定是有敵人來了，大家就知道該趕快逃命去了！」

「哇！原來你們還有守望相助隊！那真不能怪你們吵耶！那是聯繫和警戒的方法。」我吃力的畫著它，還是找不到吻合的顏色，也許下次該改用水彩。

「說到聲音，有誰比我們畫眉好聽的？」它拋下淡淡的一句，飛走了，看來小鳥的話都不多，但「競爭」心理一點也不亞於其他動、植物。

我東張西望，看見一隻青背山雀在遊客經過的地上啄食米粒，就開始畫它。它背上的顏色也和綠繡眼一樣、就是那種草的、樹的綠色，實在是配不出來，

〈繡眼畫眉〉
和綠繡眼很像，
但外貌較不起眼
——顏色也很難配。

〈青背山雀〉
到處亂跑的小傢伙，
叫聲「急——急救」，像
救護車，而且會抓螞蟻
做SPA哦。

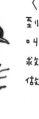

好在它們都不太會跟我計較。

「你們個子這麼小，撿吃小小的米粒或果子、種籽很適合吧？」趁它看過來時我故意說。

「誰說的？抓隻蟲給你看！」它忽然飛向空中，倏地俯衝而下，在展翅向上時，嘴裡已多了一隻小蟲，叫起來輕聲細語的傢伙，掠食的時候卻像一隻很有架勢的小猛禽。

「很厲害哦！」我由衷讚歎著，「那你們也像老鷹那些猛禽會自己做巢嗎？」

「那多累呀！」它白了我一眼，飛到草地上，也許在啄掉落的種子，「我們的巢做在樹洞、壁洞裡，只要找一些苔蘚、地衣來鋪就夠了。」

「也是啦，」我想到它們身材嬌小（十二公分），應該也不太咬得動樹枝，「那聽說你們抓螞蟻來做SPA是真的嗎？」

「什麼『史霸』？就螞蟻身上不是有蟻酸嗎？有時候我們身上寄生蟲多了，我就咬一隻螞蟻在自己身上塗來塗去，可以把蟲除掉……也不是很常啦！」

「它就是不愛乾淨，所以身上蟲多啦！」有人嗆聲了，飛落我面前的是常和青背山雀一起混的紅頭山雀，它好像海盜般帶著黑眼罩，胸部卻又打了一條黑色的小圍巾，穿件橘紅色的背心，真是既像紳士又像小偷，太有特色了！最重要的是很好畫，我示意請它別動。

至於其他的夥伴則在樹林上層嘰嘰喳喳的，還真的滿吵的，也說明了它們一點也不怕人，也不太在意跟別的鳥類混在一起，個性應該是滿隨和的吧！

〈紅頭山雀〉
色彩最鮮明，
黑眼罩、黑圍巾，
像紳士，也像海盜。

是因為它又像紳士又像盜賊的外型嗎？我怎麼想起了「黑白兩道通吃」的形容？它也好像發現了我的想法，不大高興的鼓動翅膀，似乎想走了。

「再等一下！別走！我請你吃花粉、吃果子、吃蟲……」它不為所動，展翅起飛，「我請你吃芒花的種籽！」

它只有小小十公分的身子緩緩降下了，「你怎麼知道我最愛吃芒花的種籽？」

「我……我猜的。」我匆匆完成它的畫像，心想要到芒花結果，還有頗長一段時間呢！

這時空中忽然飛過一大群小鳥，我極目遠眺，實在看不出是冠羽、綠繡眼、青背或紅頭，趕忙翻出許久未動的望遠鏡，「啊！是小卷尾！不！還有肚子紅紅的，是紅山椒……還有還有，黃肚子的！黃山椒！」

真是美麗的色彩啊！難怪我阿嬤以前都說它們叫「戲班鳥」，打扮得還真艷麗……我看到眼睛都痠了才放下望遠鏡，卻發現有兩隻就停在枝葉稀疏的樹梢上，襯著背後暗黑的森林，更顯得光彩奪目。

「喂，你這樣紅山椒黃山椒的叫，好像我們是兩種鳥！」

「歹勢歹勢（閩南語：不好意思），你們是灰喉山椒，紅的是公的，黃的是母的，細細長長（十八公分）真的像一條小辣椒……」我仔細觀察並描繪如此美麗的鳥兒，「你們通常是一大群的，兩位成雙成對，應該是準備成家了吧？」

它們對看一眼，算是默認了，「你們飛起來像波浪一樣起伏，又是紅的又是黃的，簡直就像秋天的落葉一樣，難怪泰雅人叫你們的名字，意思就是：『美麗的落葉』。」

「第一，我們這樣像波浪般的飛，不是為了好看，是為了避免猛禽的攻擊！」紅色的公鳥這麼說，語氣冷冷的。

「第二，泰雅人雖然說我們美麗，以前卻常常拿我們當靶子，練習打獵

〈灰喉山椒〉18CM
公的紅（紅山椒）
母的黃（黃山椒）
一大片，泰雅語叫作
「美麗的落葉」。

槍！」黃色的母鳥口氣也不太好。

「不是啦！是因為你們很小隻，不容易打到，當年泰雅人用你們練習，意思是如果拿槍打得到你們，就打得到他們對抗的日本兵，不是……不是惡意啦！」

它們沒吭聲，但也沒離開，總算讓我畫完了顏色還算單純、清楚的畫像。我吁了一口氣，沒想到幫鳥畫像這麼不容易，它們動作快、言語簡單，個性也乾脆，我得手腳夠快才行。

不管畫得好不好，畢竟這是個和小鳥結識的好方法，我為自己這個妙點子，得意的屁股都翹了起來，步伐輕快，遠遠看來一定也像一隻小鳥，不，老鳥吧！

雪霸的點點滴滴

「自然人」的第二個特色，就是「惜物」。

我們現在的生活環境為什麼變得這麼差？錯的不是地球，是我們人類。因為人太多了，舉個最簡單的例子：人多了就需要房子住，蓋房子首先就要剷除草地，於是蟲兒就沒有地方生活了；接下來就要砍樹，於是鳥兒就失去它的家了。

更不要說各種開發、墾殖、汙染、破壞……讓所有的動物和植物都紛紛失去棲地、難以存活，甚至就此絕滅。

有人常說地球會滅亡，但在這之前，因為環境的嚴重破壞、氣候的劇烈變遷、物種的快速滅絕，人類會先滅亡——就像恐龍一樣。而如果人類滅亡，全世界的動物、植物都會很高興，因為再也沒有人威脅它們的生存了，除了你家的小狗、小貓可能會難過一下之外，可以說是普天同慶。

其實地球的合理容納人口是四十億，但由於醫學進步、環境衛生、營養充足……我們現在已經有七十億人口，在這個過度擁擠的地方，就會發生很多饑荒、戰爭乃至瘟疫，直到人類全部滅絕為止。

就是因為體會到人類對這個世界的迫害，我們才會珍惜各種資源。例如，我們絕不用免洗筷（你知道那要砍掉幾億棵的樹木或竹子嗎？），當然也不會用紙杯或保麗龍碗，一定隨時隨地帶自備的環保杯、碗和筷子，盡量不要成為破壞地球環境的幫凶。

所以我們每次在雪霸一起吃飯時，如果有同學沒來，大家不會擔心他出了事、或身體不舒服——他一定是忘了自備碗筷，所以不好意思出來吃飯。

當然餐廳也有準備免洗筷，而做解說員的一個個慈眉善目，也不會有人責怪他，只是他在使用免洗筷、免洗碗時，我們大家看著他的眼光，就足以讓他羞愧難當，所以他寧願不吃也罷。

有一次我們要去受訓，路上經過清境農場，要在一個餐廳用午飯，因為餐廳還沒有準備好，同學們就都拿著自己的碗筷在外面等候。結果有一位阿桑好奇地問我：「餐廳不是都有碗筷嗎？你們幹嘛還要自己帶碗筷？」

我也是很皮，就回答她：「喔，因為我們是丐幫的，所以吃飯都要自己帶碗筷。」

沒想到她信以為真，趕忙跟旁邊的夥伴說：「欸，這群人說是丐幫的啦！沒想到現在還有丐幫。」

其實說我們是丐幫也不為過，吃的是大鍋飯，住的是通鋪——有時候進階訓練，通鋪根本不夠住，大家就直接睡在地板上。所以雪霸每一個遊客中心的地板，我們解說員同學都睡過，不管你在社會上曾經是將軍、是高官，現在是醫生、是大老闆，一視同仁，而且大家都甘之如飴。

在雪霸的餐廳裡，有煮飯阿姨幫我們準備三餐，但晚餐沒吃完的菜，第二天早上一定還會出現在桌上；早餐如果又沒吃完，那麼就會在午餐見面（可能變成炒麵、炒飯或湯）……總之資源可貴，非吃完不可。

我們也避免使用不斷消耗的面紙，使用可以洗滌的手帕。舊的衣物、帽子、營帳、登山用品，只要有人願意提供，大家都搶著要；盡量使用大眾運輸工具，如果非開車不可，也一定盡量把一輛車都坐滿；甚至連一張紙，正面有文字或圖片，那翻過來空白的背面還是可以使用，千萬不能浪費。

這麼做不是小氣，也不算節儉，只是對消耗地球資源的一種道歉方式。

如果你也覺得這世界是值得珍愛的，也覺得對地球有一點愧疚感，那麼請你也跟我們解說員一樣，盡量愛惜所有的物資，盡量反覆回收使用舊的東西，只用你「需要」的，而不是貪求你「想要」的。

18 幫小鳥們畫畫像（第二天）

小鳥能有那麼大的聲音，表示我們胸腔的共鳴很好！當我們在山谷裡飛的時候，從這一頭叫到那一頭，連山裡的迴音也響了，怎麼會不嘹亮？

昨天順利幫幾隻小鳥畫了畫像，我一早起床就吹著口哨，心裡得意的不只是能親自描繪它們的樣子，也因為能跟平常來去匆匆的它們聊上幾句。它們雖然話不多，但都很簡單乾脆，而且暗中還有一點小競爭，更是有趣極了。

可是今天找誰好呢？除了清晨和傍晚、光線昏暗不容易被敵人攻擊的時候，它們可是「來無影去無蹤」的，去哪裡找那麼多貪吃花蜜、或一大群飛來飛去的？

有了！我決定從聲音下手，有些叫聲嘹亮容易辨識的，應該逃不過我的「法耳」。我走入森林，果然立刻聽見「飛——肥——肥——費！」既嘹亮又有點輕佻的聲音，很像一個不良少年當街吹口哨調戲女生，所以不好意思啦！我私下都叫它「花花公子」——那就是有著白色長長的眼線，因而被叫作「白耳畫眉」的傢伙。

它們平常是一小群，還頗機警的，但這一位大概聽見我的心聲了，乖乖站在樹叢上讓我畫個夠。很抱歉我還是畫不出它身上的暗藍色，但它二十四公分的體型還滿搶眼的，至少不會被誤認是別種鳥就好了。

「可以了？那我走囉！」沒想到原本沉默的它，一開口就是道別，我都來不及跟它說些什麼，它已經飛入森林中的夥伴間，「飛——肥——肥——費！」清脆悅耳的聲音在林中此起彼落，真是有如天籟般的交響曲。

「你有沒有想到，這麼小隻的鳥竟能發出這麼宏亮的聲音？」它開口了！我驚喜的回頭一看，卻是一隻胖胖的、長得像番薯的鳥兒一跳一跳的過來了。

我認得它是藪（ㄙㄡˇ）鳥，因為喜歡在低矮的樹叢（古代就叫作「藪」）跳來跳去，所以叫藪鳥，「是因為你飛不高才老是跳來跳去？」

「誰說的？」它兩下跳到我面前，「那是因為我愛吃的食物都在矮樹叢裡……而且，我還

〈白耳畫眉〉
這個藍色要再暗紫些。
尾巴晃動不已。
（其實是畫錯了，
角度差一點都不行）

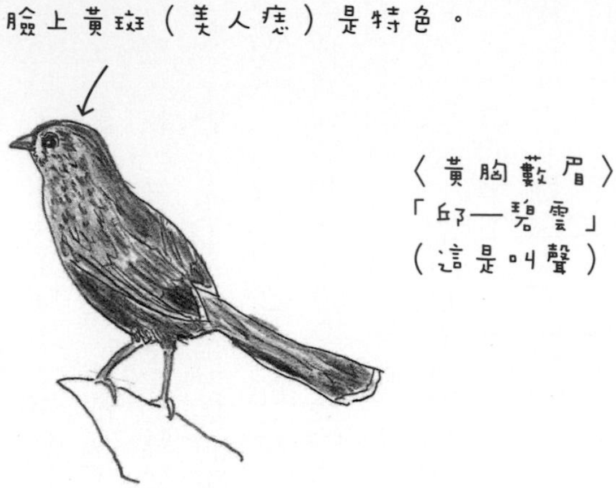
臉上黃斑（美人痣）是特色。
〈黃胸藪眉〉
「邱—碧雲」
（這是叫聲）

有別的名字啊！」

「我知道，你臉上有一顆鮮明的黃痣，所以又叫黃痣藪眉；你的胸部也是黃色的，也叫黃胸藪眉，總之你也是畫眉科的就對了。」我一邊手忙腳亂的想在畫筆裡找出正確的顏色，一面不忘調侃它，「你最愛熱鬧了，遊客越多你越愛出來！」

「我才不是愛看人呢，是你們人吃東西老是掉很多屑屑，不吃多可惜呀！而且……我也比較輕鬆。」它果然開始啄食林道上掉的餅乾屑了，一分鐘也不浪費。

「對了，你剛剛說小鳥能有那麼大的聲音……」

「那表示我們胸腔的共鳴很好啊，你看！」它鼓起了厚實的黃色胸部，「當我們在山谷裡飛的時候，從這一頭叫到那一頭，連山裡的迴音也響了，怎麼會不嘹亮？」

說得也是，以聲音和體型的大小來比，小鳥很可能是「大聲公」的冠軍哦！「喂，你們是不是公的都叫『雞雞』，母的都叫『邱碧雲』？」

「你說什麼？」它停下來偏頭看著我，一臉茫然。

「因為我聽你們叫，都是公的叫一聲：『邱──碧雲』，母的馬上跟著叫：『雞雞』；要不就是母的叫：『雞雞』，公的就跟著叫：『邱──碧雲』。那不是互相在叫名字嗎？」

「雞……邱碧……好呀！原來你在取笑我，不理你了！」它拍拍翅膀好像要飛、其實還是跳走了，聽起來並沒有真的生氣，反正我已經畫完了，也不必再去追它。

「著規枝（閩南語：中幾枝）？」一聽到這聲音，就知道是愛賭博的小鶯太太在問先生，這一期樂透中了幾枝。

應該是沒中吧？小鶯太太生氣了：「你──回去！」

先生也毫不示弱，「我──不回去！」

〈小鶯〉

「你──回去！你──回去！」

凶凶的，好像不太歡迎人。

「你——回不回去？」看起來吵得很凶，我得去勸解一下才行——當然以上純屬我自己的想像，不過它們的聲音真的是這樣，每次都越聽越好笑。

有著淡黃眉斑的它們，是橄欖褐色的，小小十四公分的身軀，喜歡單獨站在樹林邊緣或灌木叢上，這一隻看來很凶，我匆匆把它畫完，它也匆匆飛走了，來不及交談。

「其實它是害羞，一點都不凶。」又有人幫我指點迷津了，原來是黃腹琉璃夫婦，它們的胸部都是橙黃色的，母鳥的背是灰褐色，公鳥的則是暗藍色，真的很像一塊琉璃，在陽光下閃耀的色彩尤其迷人。

它們兩個在枝頭上站得挺挺的，「伊攸——攸攸、攸伊」叫聲初聽還有點哀怨，「怎麼了？有什麼傷心事嗎？」

「傷個頭！你注意聽，我的叫聲是：『救人、救自己』！」它果然如書上寫的不怕人，劈頭就訓我一句。

「是、是、是，我知道你又叫棕腹藍仙翁，既然是仙翁嘛，當然好心的整天要叫：『救人、救自己』。」

「雖然是仙翁，還是得找吃的呀！」公鳥忽然從枝頭上飛撲過來，剎那間啄著一隻小蟲，落回枝上時還大方的遞給母鳥，看來兩位應該還在蜜月期。

「果然是仙翁身手！那沒有蟲子的時候你們吃什麼呢？」

「吃果子呀！」

「那冬天連果子也沒有的時候呢？」

「那時候你就看不到我們了，我們會往低的地方飛，溫暖一點的地方，吃的東西總多一點。」

我還來不及回話，它們的叫聲忽然變成了「的、的、的」像敲石頭的聲音。這是警戒聲吧！兩位果然立刻飛入林中，在黑暗中隱沒了身影。

「呔！來遲了一步！」撲撲降落在我身邊的，竟然是一隻猛禽——鳳頭蒼鷹耶！它

這隻鳳頭蒼鷹的樣子有點太慈祥，可能是吃飽了吧。

的雙翼下壓搖動，像一個倒V字形般，快速的飛行俯衝下來。一般來說，小鳥、蜥蜴、大型的昆蟲應該一無倖免，還好「仙翁」夫婦警覺得逃得快。

我還來不及開口，就被它「凶悍」的鷹眼給瞪住了，它又展翅起飛，頭冠驕傲的豎立著，尾巴下面可以看見白色的覆羽，在森林上空盤旋……忽然向某隻大鳥撲了過去！

那隻看來像鷹的強敵原來是烏鴉，但那隻烏鴉比它大呀！它大約只有四十五公分，比烏鴉最少小了十公分吧，卻很凶悍的……當然不是要吃對方，是要捍衛自己的領域！對於這一點它可是毫不讓步的。何況眼看它的築巢季節也到了，那在樹頂用許多樹枝堆疊而成的鳥巢，豈容他人輕易侵犯？

烏鴉敗下陣來，落到我身邊時，我正憑著記憶在畫那隻少見的鳳頭蒼鷹，也沒空理它，它卻自顧自的地叨叨不絕起來，「你們叫我烏鴉，就以為我一定是黑的，其實若是在陽光下注意看，我的羽毛是藍色的，很深很深的藍，不然怎麼叫烏鴉呢？對啊，烏就是藍，」它還會自問自答呢，「不是說皮膚被捏到烏青嗎？那是不是藍色的？就對囉！其實我的中文學名叫作巨嘴鴉，嘴巴大，聲音也粗……」

「ㄚ！」它大叫一聲，嚇了我一跳，正在畫它嘴喙基部的剛毛呢，我也算是觀察入微吧，「我們喜歡一小群的聚在森林裡，很有警覺性呢！最好是視野寬廣的枯枝，我可以停在上面，看那隻死蒼鷹會不會再來搶地盤……」

「哈！」我忍不住笑了，「幹嘛搶你們地盤？你們不是最愛吃腐肉、吃垃圾？我每次開車到山裡，只要看到一群烏鴉在空中盤旋，就知道底下山谷裡一定有人類丟棄的垃圾。」

「喂！那是你們這些浪費食物的人亂丟的，我們只是做資源回收而已！」

沒想到它也懂得資源回收這個名詞，看來真該請它們去環保局上班。

「對了，找幾個你的哥兒們來讓我畫畫吧！」

它低頭看了看自己的畫像，「好吧！畫得還像樣。」我心裡偷笑，畫它又不怕找不對顏色。

「ㄚ！」的又叫了一聲，「嘎嘎！」回音傳來，像是樹鵲的聲音，「嘎而葛里哦！」沒錯，是聲音一樣粗啞的樹鵲來了。

它像波浪般飛了過來，停在枝頭。身體比烏鴉短，

〈樹鵲〉
停在我家窗前的曬架上，
還是停在枝上比較自然。

但尾巴長多了，翅膀上有白斑，嘴巴也很粗厚且稍微下彎，大概是方便吃水果吧。它們也和烏鴉一樣喜歡小群待在樹上，警覺性也高，鄉下人暱稱做「咖咖仔」，應該是因為那聒噪粗啞的聲音吧！不過它們飛起來的時候，拍動翅膀的幅度比較大，飛得比較慢，所以容易欣賞……雖然它只有「樹」的顏色。

〈臺灣藍鵲〉
這樣大隻的鳥在臺灣很常見（陽明山、草嶺古道、花園新城……），表示生態環境還不錯嗎？……

至於另一隻就稱頭多了，蹁蹁飛來的是俗稱「長尾山娘」的臺灣藍鵲，一隻、兩隻、三隻……果然是一隻接一隻的成直線飛行，它又比烏鴉大了約十公分，藍色鮮明的胸腹，長長的尾羽中間兩根特別長、再向外遞減，聲音嘹亮得很像在鳴笛，那種清澈的金屬聲令人很難忘懷。

「你們……真美，但是……也很凶厚？」

「哪有？我們只是喜歡喧嘩吵雜，聽起來比較大聲而已，」第一隻說，另一隻接下去，「我們也不是愛攻擊的猛禽啊！只是有時候為了保護孩子，」換第三隻接口了，「因為我們是一起養小孩，為了它們的安全，難免會攻擊太過接近的動物……」「當然也包括你們人類囉，不好意思。」第四隻說完，它們又展開優雅美麗的身姿，一隻接一隻的離開了。

我還來不及畫完呢！只好找還留在旁邊的烏鴉出氣，「喂！一樣是鴉科，你們三位的外表為何差那麼多？」

這下連它也氣呼呼的飛走了，看來今天應該沒鳥可畫了吧！

雪霸的點點滴滴

「自然人」的第三個特色，就是「減法的生活」。

什麼叫作減法的生活呢？我們大多數人過的是加法的生活：天天想著要加一支手機、加一件衣服、加一輛車子、加一棟房子……一直加一直加，結果就是為了要加，而一直做一直做，然後就一直忙一直忙，結果就一直累一直累。

而且加了之後，有了這樣東西，就開始患得患失，又怕它壞了，又怕它丟了……我看過電影中最好笑的畫面，就是有錢人穿著非常昂貴的鞋子，卻深怕踩到水坑裡的情景——如果你穿著捨不得用來走路的鞋子，那還不如打赤腳算了！

更麻煩的是：你想加的東西，加不到。所謂「煩惱來自於慾望，慾望越不能滿足，你就會越煩惱」，當你想要的東西得不到時，你就會不快樂；同理可證，你想要的東西越少，你就會越快樂。

可能是因為常常要登山負重的關係，解說員常常要想：這個可不可以不要帶？那個沒有是不是也ＯＫ？盡量排除不是非常需要的東西，漸漸的就發現，你需要的東西其實很少，例如當天來回的行程，除了飲水，可能只帶一個粽子就夠了，又不必加熱，又有米有肉，能夠輕鬆順利地走完全程，才是最重要的吧！

生活裡也是這樣，那麼久沒穿的衣服，還要留著嗎？那麼久沒用的東西，快送去回收吧！放著不再讀的書，就跟「死」了一樣，幹嘛不把它捐給圖書館，讓更多人可以看到它、讓它「活」起來呢？

於是我的東西越來越少、越來越少，幾年前當我從賃居的烏來小套房搬回臺中媽媽家時，十幾年來累積的「財產」，居然用一輛小客車就可以載回來了。

回到媽媽家，我住的房間只有不到三坪大，我的衣櫥不到四尺寬，一張書桌，一張床，就可以生活得很舒適了啊！「減法生活」真是太妙了，而且妙不可言：因為不去擁有，就沒有負擔；少了負擔，生活自然輕鬆愉快。

那時有一位媒體記者來訪問我，他說：「苦苓先生，你以前開名車、住豪宅，日進斗金，不可一世，現在淪落（他真的用淪落這兩個字耶！）成這個樣子，有什麼感想？」

我的回答是：「這或許是我一生中，物質最貧乏的時候；但也是我一生中，心靈最充足的時候。」

大家不是都在努力賺錢、改善生活嗎？為什麼我沒有錢了（其實幾乎是什麼都沒有了）反而變得比較快樂呢？

這個祕密，晚一點再告訴你。

19 幫小鳥們畫畫像（第三天）

人類保育魚類是針對「自己人」，
無權也不必限制其他物種，
再說只要人不抓魚、不破壞溪流，
河裡的魚豈是鳥兒們抓得完的？

連續兩天幫小鳥們畫畫像都還算成功——畫得不算成功，但藉近距離觀察它們、偶而還可以聊上兩句算是成功。我想打鐵趁熱，今天再多畫幾隻。但哪裡還有鳥兒可畫呢？有了，我還沒畫水鳥，今天就到溪邊去吧！

第一個遇見的果然是最常見的鉛色水鶇，它真是名副其實，就是那種水管的鉛色。有兩隻水鶇正在水邊，我以為是公母成對，沒想到兩隻尾巴都是橘色的，原來這兩位「先生」正在爭地盤打架，而且誓不甘休，打不過的只稍微飛離一點，另一隻凶猛的過去趕它，它也只換個附近地方，仍堅持不肯飛去……兩個人，不，兩隻鳥就這樣「你追我趕」十幾分鐘，落敗的一隻才悻悻然飛走。

贏的一隻當然得意的在石頭上搖著尾巴，它們平常就愛這樣，何況是剛打了勝仗之後。我常在電線或屋頂上看它們這樣耀武揚威，不過這不是發表意見的時候，我趕忙拿出畫冊和彩筆開始「動工」。

沒多久，它就飛過來了。「這是我嗎？」它繞著我打轉，像個美術老師在幫我打分數。

「你只畫公的、不畫母的嗎？」

我趕忙在旁邊補了一隻尾巴，母的連尾巴也是鉛色的，「本人」又不在場，應該不用另外再畫一隻吧！

「你們怎麼那麼愛打……我是說，占地盤那麼重要嗎？」

「當然！那是生死問題。」它倏地飛起，在空中抓住一隻蟲，得意的落回石頭上享用大餐。

「是……小蟲的生死問題吧？」

不等我說完，它又撲向水面，再度獲得一隻「戰利品」。

「也是我的生死問題，一個地方的蟲是有限的，我如果讓別人進來吃，自己就會不夠吃，你懂嗎？」

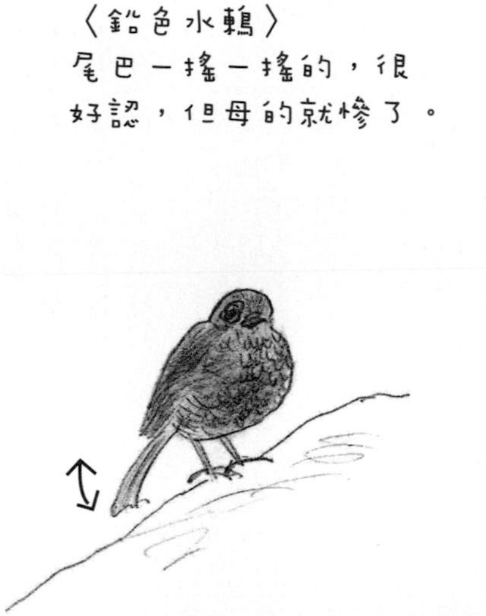
〈鉛色水鶇〉
尾巴一搖一搖的，很
好認，但母的就慘了。
母的尾巴

「我看你占的範圍……大概有兩百公尺吧？」我怕它不懂人類的度量衡，連忙補充：「就是從這個橋頭，到那邊的小瀑布為止。」

「沒錯！就算比我大的鳥，我也照趕不誤。」它個子雖小（十三公分），可志氣、口氣都不小。

「不對啊！可是我明明在你們出現的地方，看過河烏、小剪尾和紫嘯鶇，你為什麼不趕它們？」這下被我逮到漏洞了，換我得意的盯著它。

「咦？和我食物不同的，我幹嘛趕它？白費力氣呀？」

原來如此，那既然這些都是它的「好鄰居」，不妨請它「引見」一下：「可以幫我找找它們，來讓我畫嗎？」

「不用找，那邊就有一位了！」鉛色水鶇飛向樹林，大概又去抓蟲了，一邊發出唧唧的叫聲，聽來還滿悅耳的。我朝它的方向看去，果然有一隻河烏，正站在溪邊的石頭上，不但搖著尾巴，還一下起立一下蹲下的，看起來很像小朋友在玩「胡蘿蔔蹲」的遊戲，我一邊忍住笑，一邊描繪著它。

忽然它往水裡一躍！居然一頭栽了進去，只剩尾巴露在外面，咦？該不會是溺水了吧？我腦中剛閃過這個念頭，又自覺好笑，它是水鳥耶！

果然不久它就跳出水面，嘴裡咬著一隻——天啊！「那是我們的國寶魚——櫻花鉤吻鮭的小

〈河烏〉
這傢伙不太需要
上色，反正就是暗暗
的，跟岩石一樣。
屁股會一上一下
玩「蘿蔔蹲」。

朋友耶！你怎麼……」

「喂，我要吃飯耶，能抓到魚就不錯了，難道每次還要送給你們鑑定、看可不可以吃嗎？」它理直氣壯的開始抖動嘴喙，把小魚順成和喉嚨一樣的方向、開始吞食。

「也……是啦！」我們人類保育魚類是針對「自己人」，無權也不必限制其他物種，再說只要人不抓魚、不破壞溪流，河裡的魚豈是鳥兒們抓得完的。

「但是你很厲害咧！竟然能潛水。」我改口稱讚它，它開心了，飛到我眼前給我看它的眼睛，原來眼上有透明的膜，讓它可以在水裡看東西，就像我們人類戴了蛙鏡一樣。「何止潛水？我還能在水底步行呢！」

「嗯，你能吃魚、就不太需要吃蟲，難怪鉛色水鶇說它不會趕你。」

「有沒有搞錯？我比它個子大耶（二十二公分）！誰趕誰？」它飛走了，我看看無鳥可畫，只好收拾收拾、往瀑布方向走去。

瀑布一洩而下，水流在岩石間四處飛濺，看來充滿了活力與能量，我放下畫具，深深吸收著豐富的負離子，看見一隻小剪尾停在瀑布中段的岩石上。

「喂！你在那裡很危險吧？下來這邊好不好？」

它不為所動，堅持抓到一隻蟲、匆匆吞下肚後，才飛了過來，我下意識的舉起左臂，它竟然就停在我臂上，腳爪抓住我時還真有點痛呢！

「看到我強壯的腳爪沒？就是這樣我才能安穩的站在水流很急的岩石上，不必為我擔心啦！」

「是……是很棒，可你幹嘛一定要站在危險的地方？」

「找吃的呀！急流上也有昆蟲，別人吃不到的、我吃得到，就不需要和小鶇鶇搶地盤了！」

「小鶇鶇？」我起初沒聽懂，之後才想起它說的是鉛色水鶇，沒想到鳥兒們也會互起綽號，「這麼說你常在這裡囉？為什麼我很少看到？」

〈小剪尾〉
一輩子只想拍張彩色照片。

「因為……我比較害羞嘛！平常都躲在石頭後面，一有動靜我就低飛衝到樹叢裡，你當然不容易看到。」它說著簡直就要臉紅了，但只有黑白兩色的它顯然不可能，「我……好畫嗎？」

我差點笑出來！只有黑白兩色，當然好畫！但這樣回答會不會傷它的心呢？我遲疑著，卻看見另一隻只有黑白兩色的傢伙，在岸邊好像急匆匆的走來走去。

是白鶺鴒（ㄐㄧˊ ㄌㄧㄥˊ）！這個身材細長的傢伙最愛「走路」了。它走來走去，忽然啄一下地上，應該是抓蟲吧，有些蟲被它驚擾飛了起來，它也不客氣的一口咬住。

好不容易停住了，我開始畫它，沒想到它的尾巴也是一搖一搖的，難道這是水鳥的共同特色嗎？我先畫它的過眼線（註），又注意到它細長的腳趾，應該很適合在水灘泥地裡行走……我忽然想起它的綽號！

「請問……是不是有人叫你『牛糞鳥』？」我想起小時候在宜蘭鄉下，有一種鳥只要有牛糞它就

〈白鶺鴒〉
又是一隻 NO COLOR BIRD。

〈綠頭鴨〉

常被當成「鴛鴦」的傢伙。

跑來、追著上面的蚊蠅要吃，阿公說那叫牛糞鳥，樣子跟它很像……

它完全不理我，像波浪般的一上一下飛走了，還邊飛邊叫，不知道是否在向我抗議。好在它也只有黑白兩色，很快我就畫完了。

我走過瀑布另一邊的一個深潭，遠遠看見水裡有兩、三種水鴨，正悠游在平靜碧綠的水面上，距離太遠了喚它們不來，大聲叫又恐怕反而嚇走它們，算了！只好嘆口氣，遠遠的描繪。

一對綠頭鴨正吃著水邊的植物或是小魚吧，看起來十分恩愛，除了有明顯的綠色頭部可以區分，公的嘴是黃綠色的，母的是橙黃色。它們的數量雖然不多，卻因為較不怕人而常見到，還有不少人因為它長得漂亮而誤以為是鴛鴦呢！

鴛鴦的膽子小，除了在福山植物園，我從沒有在近距離看到，眼前這兩隻也是在潭的最遠處，我拿起望遠鏡才勉強看得清。但它們實在太美了！尤其是那一塊塊色澤分明的色塊，和一般間雜交錯的鳥羽比起來，感覺就是人工精心刻意畫上去的，說它是臺灣最美的鳥類一點也不誇張。

臺灣最美的鳥類〈鴛鴦〉

漂亮成這樣不會太誇張嗎？

過了不知許久，我連畫了兩隻公鴛鴦——不好意思，不是嫌母的難看，而是實在太難畫了！希望它們不會怪我這個半路，不，四分之三路才出家的畫者才好。

倒是小鸊鷉（ㄆㄧˋ ㄊㄧ）長得更有特色！嘴巴的內側有明顯的黃斑，就跟黃痣藪眉的臉上類似，它們游得很流利，偶而還會潛水，應該是水中高手吧！

正在接近「完工」階段，它們忽然「啪、啪、啪」的在水上跑了起來，旋即飛上空中，原來是在助跑！我一把抓起望遠鏡，看見它們的腳真的長在肚子的很後面，難怪不太會走路，每次看它們上岸都蹣蹣跚跚的……即使都沒講上話，這也算是一個小小的收穫吧！

忽然「吱——」的一聲，好像有腳踏車在我後面緊急剎車，我嚇了一跳！正要轉身，才想起這一定是頑皮的紫嘯鶇了。看見它從樹林那邊一路直線低飛過來，一定是受到什麼干擾了，我揮手叫叫它：「喂！紅目的！」

它撲撲落在我身邊樹枝上，「你叫我什麼？」嘴巴一開一闔，和烏鴉一樣嘴邊有剛毛，大個子（三十公分）果然氣勢不一樣。

「我開玩笑的！你是紫嘯鶇，不，應該叫你臺灣紫嘯鶇，因為你是臺灣特有種耶！」

它似乎聽懂了，得意的抖抖羽毛。

「其實你不叫紅目的，叫愛吃鬼。」

「你說什麼？」它更大聲了，頗有興師問罪之意，「真的呀，你愛吃果子，也吃爬蟲類、兩棲類，還

〈小鷉鷈〉
幸好它不用寫自己的名字
不然一定恨死人類。

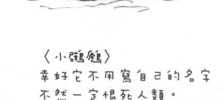

〈紫嘯鶇〉

30CM，

叫聲「ㄐ——」如腳踏車剎車。

有無脊椎動物也不放過，不是愛吃鬼是什麼？」

「喂，我個子這麼大，不多吃幾樣行嗎？你這樣說有公平嗎？有良心嗎？」

「沒有沒有，我是覺得你們鳥類不太愛講話，沒話找話說嘛……」我是真的想把握這隻難得肯開口的鳥，「你們全身是藍的，肩膀的羽毛是亮烏色，為什麼叫紫嘯鶇、不叫藍嘯鶇呢？」

「對啊，」它似乎也憤憤不平，「像那個藍磯鶇，身上雖然是藍色，胸部底下卻是栗紅色，母鳥更是淡褐色的，憑什麼它們叫藍磯鶇、我不能叫藍嘯鶇？」

「因為……因為你太優秀了，如果名字和它相似，被人家搞混了你也不開心吧？」都是我自找麻煩，這下還得天馬行空的亂編，

「而且名字有藍的鳥很多，像藍鵲啊、藍尾鴝啊，叫紫的卻只有單單你一位呢！」

「嗯，這麼說也是啦！」它滿意了，振翅起飛，河谷中又傳來「吱——」的一聲，不悅耳，但保證難忘。

（註）過眼線：鳥的兩眼旁，色彩不一樣的羽毛叫作「過眼線」。

雪霸的點點滴滴

為什麼物質變得貧乏的我，精神變得更充實了呢？難道沒有錢，人也可能得到快樂嗎？

因為我的基本生活沒有問題，當年保的儲蓄險已經繳完、開始領回，等於我有自備的「國民年金」可以花，何況過著「減法生活」的我需求並不多——你猜我穿什麼牌子的襪子？是超市大賣場賣的免洗襪，本來是穿完一次就丟的，但我發現它洗完還可以穿，就一直穿這種最便宜的襪子，意外發現它還蠻耐穿的。

我平常的生活除了讀書、寫作、旅遊，就是帶隊解說，縱然說得不錯，也沒有人中途「逃走」，但那又怎樣？有什麼好開心的？

在《苦苓與瓦幸的魔法森林（增訂新版）》的序文中，我已經說過了，現在不厭其煩的再說一次（會厭煩的是讀者吧？）：我開心的是，有一位媽媽寫信給我，說她每

天臨睡前會唸一篇我的文章給她的孩子聽，她的小孩很喜歡。

我開心的是，有一位小學生寫信給我，說如果他們的自然課本都像我的書一樣有趣，他一定會更喜歡自然課吧！

我開心的是，有一位年輕爸爸寫信給我，他說他買了我的書，帶著太太和小孩一起到森林裡去，應證我書中所寫的種種自然現象。

有一次帶到一個團體，可能是一個家族吧！其中有一個唐氏症的小朋友，他也站在前面默默的聽。我也不知道他是否聽得懂，我就照平常的方式一邊解說，一邊帶著隊伍前進。

走到步道中途時，這個一直默默聽講的唐寶寶忽然說了一句話，他說：「好有趣喔！」

那時候我不只是開心，我的眼淚差一點就流下來了，如果一個唐寶寶都會覺得我的解說有趣，那麼我的解說生涯應該算是成功的吧！

後來我的書在時報文化出版，他們的總經理莫昭平跟我說她也很喜歡大自然，想帶員工到雪霸來聽我解說。我以為她只是說客氣話，沒想到過了不久，她真的帶著一群員工上山來了。

而且我在解說時，最認真聽講的就是她，不但一邊做筆記，還一邊發問。之後我就跟大家開玩笑：難怪她會是主管，你看她比你們每個人都用心！

後來她私下問我，也想來雪霸當解說員，我說好啊，正好第九期解說員正在招人（我是七二四，記得嗎？），就鼓勵她去報名。沒想到過了不久，她就打電話給我說，她正在接受解說員集訓，再不久就要變成我的學妹了！

後來，不但她成了一個優秀的解說員，不久之後，她的老公也加入了第十期的行列，跟她一起成為了雪霸最引人注目的一對鴛鴦俠侶。

就像我後來擔任自然生態講師，也教過很多新任解說員、原住民解說員還有小朋友解說員。每次去鎮西堡、司馬庫斯或環山、象鼻這些泰雅族部落，就會不斷聽到有人叫我「老師」。

學弟學妹也好，學生也好，能夠把這些綠色的種籽繼續傳播下去，才是我最開心的事！

20 幫小鳥們畫畫像（第四天）

你以為我很愛現哦？
那是站得高、視野好，方便找食物，懂不懂？

「我最紅！」

「我才最紅！」

今天因為瑣事耽擱，進入森林時已經晚了，沒想到一走進步道就聽見兩隻小鳥，用尖細的嗓音在吵架，它們還真是有競爭心的動物呢！

我悄悄停在路邊，看見樹枝上有一隻，哇！只有紅、黑兩個顏色、卻是非常高貴大方的組合，長長的身形（二十五公分）和尾巴，看起來十足是一個鳥中的貴婦，此刻卻氣急敗壞的在跟對方比誰紅。

我不敢驚動它們、偷偷拿出彩筆和繪本開始描繪，這就是傳說中的朱鸝（ㄌㄧˊ）嗎？這麼多年來第一次見到，我興奮得連拿筆的手都微微顫抖，根本也顧不到它是在跟誰吵架。

兩隻小鳥持續爭吵中，好在朱鸝色彩單純，我很快就畫完了。這時才有餘暇，伸長脖子看看它鬥嘴的對象。

沒想到我一動，警覺的朱鸝立刻振翅飛走！另一隻也鼓起翅膀，「別走！我只想幫你們畫畫、聊一聊。」

算是在電光石火之間耶！那隻鳥停了下來，原來是一隻酒紅朱雀，它看看已隱沒在樹林間的朱鸝，得意的「哼！」了一聲，「就說沒有我紅吧？認輸跑掉了！」

我不禁笑了出來。比起朱鸝亮眼的紅，它其實是暗紅色的，完全是我們喝的紅酒的顏色，所以才叫「酒紅」朱雀嘛！竟然要跟人家比紅、還自以為勝利呢！「你是比較暗的紅，確實沒有人家紅嘛！」我小心翼翼的看它的反應，免得它一不高興又飛走了。

「我就是因為很紅、紅得比較多才顯得暗嘛！」它還真是一個愛辯的傢伙，「你看森林裡那些樹，是不是綠葉越多、越濃密的，看起來就越暗？」

遇見〈朱鸝〉！
松蘿步道上驚鴻一瞥
「紅水黑大辦」的貴婦。
(25CM)

「好，你最紅——」我一邊忍住笑，一邊開始畫它，它除了尾巴是黑褐色，全身都是酒紅色，我的十八色鉛筆照例又調不出來，好在白色的眉斑還滿明顯的，應該是位鳥先生吧（母鳥沒有眉斑）！它站在松樹林邊緣的枝上，挺拔著身子到處張望，看起來就是不怕人的樣子。

「所以你專挑明顯的地方站著，就為了讓人家看見你有多紅？」我現在確定它不會離開了，言詞也就大膽一些。

「誰說的？我有時也會站在芒草或是箭竹叢裡啊！」它照例不服氣，「你以為我很愛現哦？那是站得高、視野好，方便找食物，懂不懂？」

我頻頻點頭，一邊吃力的畫著，好在它還自顧自地在發表演講，「像那一邊，就有一群我的夥伴在地上啄著草粒，其實我們很不挑的，你們人類掉下來的麵包屑、肉屑我們也都吃啊……」

它講得高興，一邊就唱起歌來了，「吱吱吱」的聲音還滿單調的，當然沒有畫眉的叫聲悅耳，但我也不敢隨意批

頭上有白色
細線，像辮子。
〈酒紅朱雀〉
整隻真的像
紅酒的顏色。

評，我可不想扮演那隻朱鸝的角色。何況萬一它要跟我比歌喉，我也好不了多少。「不過也不能光靠你們啦，到了冬天我們還是得往低處走。」它說完連招呼也不打，就成波浪狀一上一下的飛走了，害我愣在當場，好在畫也勉強完成了。

這時候吸引我的，反而是步道的地上，一身金色黑鱗片的傢伙。它的斑紋像老虎一樣，讓它很容易隱沒在草叢裡，不注意的話根本看不見，真是一流的偽裝大師。

現在這隻虎鶇正在步道邊，對著一個方向點頭擺尾，一次、兩次、三次……然後又換了另一個方向，同樣點頭擺尾的動作再做三次……我看得入迷了，它在幹嘛呀？是求偶嗎？還是一種什麼儀式？或者只是閒得發慌？

重複了四次動作之後，它開始在密林啄食，我專注的看它，發現它多半是吃樹葉下的蟲子，偶而也會啄到一隻蚯蚓，有時會停下來，發出低沉的「兮——兮

——」的叫聲。我很想開口，但知道它相當警覺，會不會我一出聲它反而跑了？

地上還有幾顆被啄過的果子，看來也是它幹的，它正以為沒人注意、在享受森林裡的「把費」（自助餐）吧？冬天一過，這隻候鳥就會離開了，我應該把握機會，反正也畫得差不多了，「請問——」

它果然「咯！格！咯！」的叫了起來，這是在警戒其他的夥伴吧？原本在散步進食的它，急急忙忙的跳開，用小跑步遠離現場，我追了兩步，就看見它飛向森林密處，我只來得及看見它翅膀下兩條白色的帶子。

「咪、抖雷咪」真好聽！剛走了虎鶇，馬上來了這歌聲悅耳的白尾鴝（ㄑㄩˊ），老天爺，或者說大自然真是待我不薄。我看

〈白尾鴝〉
最明顯的就是尾部兩道白線，整天搖呀搖的。

張開時像這樣。

見一隻全身藍紫色的公鳥（母鳥是褐色的，照例比較不顯眼），張開尾巴搖呀搖的，很明顯的可以看見兩道白線，這就是它被叫作白尾鴝的原因了。

它繼續「咪、咪抖雷咪」的唱著，音還滿準的呢！不過這位聲樂家也有凶悍的時候，要是在繁殖期，它為了確保領域，趕起別人來可是毫不客氣的。

但是其他時候它又生性隱密，喜歡躲在潮濕陰暗的地方，碰到人類它更害羞，稍有動靜就可能飛進灌木叢裡，再也不見蹤影。我可不想重蹈覆轍，還是乖乖在一旁把它畫完吧！

幸好它沒發現我，自在的唱完歌，自在的飛走了。我看看天色漸暗，心想今天大概無緣再見其他鳥兒了，沒想卻有一隻背上藍灰色、尾巴短短的小鳥（約十二公分），在一棵大樹的樹幹上，頭上腳下的停著，「是啄木鳥！」

「不是啄木鳥，是茶腹鳾（ㄕ）。」沒想到它主動出聲了，「我的爪子雖然也可以深入樹裡面，但我只啄食樹皮裂縫中的昆蟲，才不會像啄木鳥那樣，叩！叩！叩！像個傻子般用它的頭去撞樹幹。」

我忍不住笑了出來，鳥兒批評起同類來可是毫不客氣，「拍謝拍謝（閩南語：不好意思），因為你們遠遠看來有點像嘛！別的鳥又不會停在樹幹上。」

「你嘛幫幫忙！」它邊吃邊聊，有點像螺旋狀的繞著大樹外圍走，「啄木鳥只會頭上腳下的往上、或是往下走，你看我！」它竟然頭下腳上的、「倒立」著往下走，果然是「傳說」

中茶腹鳾的獨門功夫！我正要出聲讚嘆，它還左右上下的走了起來，大秀絕技，「啄木鳥做得到這樣嗎？你說，你說啊！」

「我……我沒話說。」我全面投降，它得意的叫了起來，「比、比、比」的聲音真輕快。

「我知道你們會在樹洞裡築巢，用樹皮墊在巢裡面，生了小孩後還會用泥土封住洞口，防

〈茶腹鳾〉
這個字唸ㄕ，是個
會頭下腳上爬樹的傢伙。

如果正面上下，
就是啄木鳥。

止敵人進來，然後公的就在外面找食物，回來餵專心孵蛋的母鳥，真是不容易呀！」我搜索腦子中有關它的記述，力圖「拉長」這段對話。

「我也不容易呀！」這麼說它是母的囉？「要是我老公出了什麼事回不來，不是我餓死，就是小孩送命……等到春天那些昆蟲的幼蟲啊、或是蛾啊大量出現的時候，才夠它抓來給我吃、給孩子們吃……等孩子們大一點，我還得把它們帶在身邊，學會了抓蟲吃我才放心。」

「是是是、母愛最偉大……」我一邊應諾它，一邊急急的畫著，它看了我一眼，「畫好了？那我走了！」又是不等我回答，條地一下飛走了，鳥兒都習慣這樣不告而別嗎？不過我已經心滿意足，今天意外的收穫算是不少，眼看天快全黑了，我加快腳步，卻聽到「呼呼——」的叫聲，一次兩聲的，應該是黃嘴角鴞吧？

我窮極目力，仍看不見蒼茫暮色中的它，「你看不清我的，」它開口了，似乎在旁邊不遠處的樹上，「你的視力沒我好，回去找鳥書來照著畫好了。」

「可是……」我正要說話又被它打斷，「反正我就是圓圓胖胖的，褐色雜著黑色的縱斑，勾勾的嘴巴是黃色的，羽角、也就是你們說的耳朵，短短的……」我根據聲音，隱隱約約看見它的身影，「反正你也跟我說過話了，照著鳥書把我畫出來，不算作弊啦！」

拜託，又不是考試，我還作什麼弊？只恨自己沒有隨身帶著手電筒可以照它。「我都是獨

〈黃嘴角鴞〉
叫聲「ㄍㄧㄍㄧ」。

來獨往的，只有搶老婆的時候需要跟別的公鳥打打架……」從它的聲音來源，我發現它又換了位置，「沒錯，我會整夜不斷的換位置，所以你有時候聽到這裡有叫聲、等一下那裡也有叫聲，也有可能是同一隻鳥哦！」

「那只有天剛亮的時候最容易找到你、看到你囉？」

「沒錯，因為白天我就不叫了，這麼好的保護色，你們人類不可能看得見的！」它的語氣有點得意，我卻在心中暗想：「你還不知道強力手電筒的威力吧？看我明天晚上就來這裡，把你照個一清二楚！」

不過一回到屋裡，我還是忍不住拿出鳥書，照著它的樣子畫了一張，是它自己說的、不算作弊。嘻嘻！

雪霸的點點滴滴

快樂呀快樂，人到底要怎麼樣才能得到快樂呢？

快樂確實是越來越不容易了，我們小時候生活窮困，難得有一隻雞腿吃就非常開心，現在的小孩可能天天吃雞腿還要抱怨：「這不是肯德基！」

現在的小孩天天穿新衣、沒什麼了不起，我們小時候卻只有過年才有新衣服穿，而且那件新衣就是新學期的制服。因為小孩長得快、都要買尺寸大一些的，每個人都是把衣袖和褲腳捲起來，高高興興地穿著我們的新衣服出門。

我印象最深刻的是有一次，爸爸買了一顆蘋果回來，全家欣喜若狂，晚飯後，一家人圍著餐桌，看媽媽小心翼翼地把那顆蘋果切成四份，每個人心滿意足的吃著自己分到的那一份，在那個時代，四分之一顆蘋果就足以讓你快樂。

但現在大家什麼都有了、什麼都不稀罕、也不覺得擁有什麼會很快樂。反正想要快

樂，就花錢去大吃一頓，要不然就花錢去大買一通……這些快樂來得很容易，但維持的時間也很短暫，而且一再重複之後，快樂的效果遞減。

那豈不是說，擁有的越多越不快樂嗎？年紀越大的越不快樂嗎？──有這個危險性喔，除非你找到三種「取之不盡、用之不竭」的快樂來源。

真的有嗎？沒錯！第一種就是「求知」的快樂：別人不知道的，你知道；昨天不知道的，今天知道；知道的越多，你就會越快樂……而這個世界的知識是你永遠追求不完的，就像圖書館裡永遠讀不完的書一樣。所以只要每天增加一樣新的知識，就可以得到一個新的快樂，永遠不必擔心世界上沒有新知，也永遠不會害怕自己失去快樂的能力。

第二種就是「接近大自然」的快樂：接近大自然通常是最經濟的（絕大部分的山跟海都不會向你收費），而且一定是健康的（想想純氧、芬多精和陰離子吧！而且在大自然裡，你一定會大量的活動），最重要的是，大自然的變化無窮永遠讓你認識不完、體會不夠，就像一個挖不完的寶庫。

想想看，除了愛山的人，還有什麼人會到山裡去？感情受挫的人、事業失敗的人、人生碰壁的人……為什麼他們不約而同選擇到山裡來？因為他們知道山是人類的母親，而大自然是最有療癒能力的。

最後一種，則是「讓別人快樂」的快樂：你自己可能人生豐富、閱歷充足，達到了無驚無喜的境界；或是初出茅廬、自顧不暇，還在東張西望的情況。但是你們一樣享有快樂的權利，那就是去幫助別人。不管是用金錢或是用時間，不管付出的是勞力還是真心的關懷，都可以給被幫助的人快樂，而一個讓人家快樂的人，自己是不可能不快樂的。

所以你甚至不用「日行一善」，就算每天只講一個笑話給同事或朋友聽，當他們捧腹開懷時，你自己難道不會很開心嗎？

21

超級神祕怪客來襲！

人類恣意開發、破壞、掠奪地球資源，
如果地球毀滅了，人類當然也無一倖免，
那我們今天的所作所為，又和「可惡的」病毒有什麼不同？

我感冒了。

頭昏腦脹，肌肉痠痛，鼻涕流個不停……對於遨遊山林多年、幾乎已不生病的我來說，這真是對身心的雙重打擊。

硬撐了幾天，終於熬不住去看了醫生，他說我得的是流行性感冒，打針不必了，吃藥就會好——但也得等一個禮拜。這樣看來，上不上醫院好像也沒什麼差別。

但至少不能到處亂跑去傳染給別人，我只好乖乖待在家裡看書。沒想到一個個熟悉的文字卻變成跳動的小精靈，組合不出完整的意義……看來是身體在命令我休息吧！連最輕鬆的閱讀也不容許。而這幾年我學會的一件事就是：服從你自己的身體。

於是放下書本閉目養神……「認輸了吧？」忽然聽到細微的聲音，以為是鄰居的孩子在玩，「乖乖休息，我不會為難你的。」怎麼聽起來像在跟我講話？我舉目四顧，屋子裡並沒有看得見的螞蟻、蜘蛛，難道有蟑螂躲在暗處對我發聲？我倒是沒和它溝通過哩！我跳下沙發，趴在地板上到處找。「你看不見我的。」

果然是有生物在對我講話，但我看不見它，莫非是……塵蟎、空氣中的孢子、甚至細菌……？那也太匪夷所思了！我忽然想到現在是農曆七月，不禁背上一陣寒意。

「我是病毒。」這四個字微弱、清晰但有力，只是我不相信！病毒怎麼會對我發聲？「你身上的流感病毒。」

我重重跌坐在椅子上！看來是真的，早知道就不用去找醫生診斷了。它幹嘛主動找我？如果跟它商量是否能減輕我的症狀……「病毒就是病原體，也就是人生病的根源。」

看來它認為我滿無知的，我得趕快開口，免得一不出聲就再也找不到它了，「我知道，不管是人、各種動物、植物，甚至細菌都會感染病毒，可是……」我小心翼翼的探問，「你算是生物嗎？」

因為不知道它處身之地，我只能對著正前方表達，眼光又不知該落在何處，看來想必一臉茫然吧！它倒是一點也不以為意，「生物？你認為什麼叫生物？」

「呃，第一、對外界刺激有反應，像我敲一顆石頭，它就不會有反應；第二、能從外界取得能量、讓自己生長，例如……」

「你不用舉例子，從外界取得物質，在自己細胞內變化成養分，再排出沒有用的物質，這就叫物質交換嘛！」

看來病毒還懂得不少，不過既然它現在占據了我的身體，那它說的是不是也竊取自我的知識呢？

「第三，能夠製造後代、繁衍子孫。」接下來就是正面挑戰了！「據我所知，不管動、植物、人體，每個細胞都有這三種功能，但是你……你只有第三項功能而已呀！」我用力嚥了一下口水，萬一得罪它會不會在我體內痛下殺手呀？「所以你不算生物。」

「你說的沒錯，」它倒一點也不以為忤，是因為占盡優勢所以「風度」這麼好嗎？「照你們人類的理論，我應該是在生物和無生物之間，可重點是我的確存在、而且活跳跳的呀！」

我「哈啾！」打了一個大噴嚏，直接證明了它的話，「請問……那你怎麼得到能量來存活呢？」

「那就得靠你們啦！」它也沒有得意的口氣，好像一切理所當然，「我們得找到寄主的細胞，利用你們做物質交換，來得到物質和能量。」

「那你們、你們真是惡劣的食客！利用主人掙來的東西繁殖同類，最後還把主人家給毀了……哈啾！」一語點醒了我這個病中人，「我一定要消滅你！」

「消滅？你連看都看不見我怎麼消滅？」它還是一貫的冷靜，「細菌夠小吧？我只有細菌的十萬分之一到萬分之三，連你們發明的細菌過濾器我都穿得過去呢！」

「所以……所以才有濾過性病毒這個名詞，我知道了！」但我不知道的永遠比知道得多，「但是這不合理呀！就算是專門寄生的動物或植物，也有能力自己開始生長，再靠著別人生長繁殖，如果你們從生命的一開始就靠別人，那你們到底是從哪裡來的？」

「我也不知道，我必須感染活細胞才能繁殖，不像細菌還可以培養，就算你們也研究不出來。」它越說我越覺得氣溫下降了，「或許我們以前也是細菌，後來因為長期寄生，就失去了自我生長的能力，只剩繁殖後代的能力了。」

「哦，是長期做食客做久了，就再也無法自食其力，只能不斷的自我繁殖了，這樣看來，也不能完全怪你們。」我總算可以克制對這個「敵人」的反感了，「那你們到底是什麼組成的？」

「就蛋白質和核酸啊！跟一般細胞一樣。」

「哦，就DNA（去氧核醣核酸）和RNA（核醣核酸）呀！」很難想像一個會讓人生病甚至死亡的病毒，其實就和一個細胞沒有兩樣，「那DNA是基因的本體，RNA就可以合成蛋白質，你的基因有什麼功能呢？你的祖先給了你什麼遺傳特徵？」

「沒什麼，就是自我繁殖的基因而已，只要進入宿主細胞之後，就會下令製造、一直製造下去！」

「哇靠！那你根本就是繁殖專家嘛！」我想到在自己體內四處流竄、不斷增加的病毒，「好在我吃了藥，你……你們不會在我身體裡無限繁殖吧？」

「不會是不會啦，」它冷冷的說，「但我們病毒也要活下去呀，再強的藥也總有能對抗、活下去的，能活下去的就變得更強，你們又得弄出更厲害的藥……」

我無話可說，當年發明DDT殺蚊子，結果搞得現在蚊子都不怕DDT，人類自己倒受害不少。再這樣「競爭」下去，也許將來抗病毒的的藥，人吃下去自己就先受不了呢！

「那……我是不是該先打疫苗比較好？」

「疫苗？疫就是病，苗是小樹苗，疫苗就是先讓你得一點小小的病，像你手臂上打的牛痘有沒有？」它還真了解我，我看看自己臂上打過牛痘、像印章般的「遺跡」，「那就是天花的結果，如果你得了天花，全身都會變成那樣，但先幫你打從牛身上培養出來的一點點天花病毒，你就只得那一點點天花……」

「我知道了！靠著接受一點點天花病毒，我身上的抗體，也就是殺手細胞就認得它了，只要再有天花病毒進來我的身體，就會被認出來、殺死，我就再也不會得天花了！那就叫作『免疫』，哈哈哈！你們並不是天下無敵的！」

「對啊，你們是可以打流感疫苗，」它真是出奇冷靜，「但是第一、有人抵抗力差，一點小疫苗就讓他真正發病了，得不償失；第二、你們發展出A流感的疫苗，我們很快也會發展出另一種B流感，等到流感有好幾種、甚至幾十種的時候，請問你們一次要打多少種疫苗呀？」

「可……可不是，而且你們病毒還不只是流感這一類而已，」看來它一開始就說對了，

「我認輸了，那你們到底有幾種、數量有多少呀？」

「老實說我也不知道，目前你們知道的只限於人類、家畜和農作物的病毒，但應該每一種生物都有病毒吧！只要有生物，一定有病毒會去當食客。」

對啊，還沒聽過不會生病的生物，原來病毒才是天下無敵的、令人敬畏的小傢伙，「真想

看看你的樣子，以前上生物課，只用顯微鏡看過細菌……」
「我們要用電子顯微鏡才看得到吧！現在知道了嗎？看不到的未必不存在、更不見得沒有影響力！」
「不對！」我忽然大叫一聲，不知它在我體內有沒有被嚇到，「你們和細菌還有一點不一樣，你們無法在人體外面存活！」看它不作聲，我更有信心了，「只要我打噴嚏、咳嗽，病毒從口沫噴到外面，除非立刻進入另一個人身上，否則就死了！」
它沒有否認，看來我抓到它的弱點了，「如果人死了，身上的細菌並不會死；但如果人死了，身上的病毒也會完全死掉！」我即將發出致命的一擊，「你們為什麼要把人，或是身為宿主的動、植物一直弄到死，然後自己也一起死掉呢？這……這樣同歸於盡完全違反生物的本能。」
「所以，你們不算是生物。」我下了鏗鏘有力的結論，感覺自己的感冒已經好多了。
過了許久許久，我都以為病毒已經不戰而逃，它卻開口了，「你說的沒錯，生物應該不會為了活命而自取滅亡。因為如果生存的環境或條件毀滅了，自己就無法活下去、繁衍後代，這確實是生物應有的本能與認知，而我們病毒確實也做不到。」
我正等著聽它解釋病毒的無奈，它卻說：「那你們人類呢？你們人類對地球的破壞，不正像病毒一樣！」

「啊——」我張口結舌，是呀，人類恣意的開發、破壞、掠奪地球的資源，不但毀壞了寶貴的空氣、水和土壤，也逼得其他許多生物瀕臨滅絕，而臭氧層的破洞、輻射的擴散、地表的暖化，都在一步一步使地球走上滅絕之路……

如果地球毀滅了，人類當然也無一倖免，那我們今天的所作所為，又和「可惡的」病毒有什麼不同？

「差別在於，我們病毒有千千萬萬個宿主，你們人類只有一個地球。」

我怎麼也沒想到：會從一隻極小極小的病毒身上，體會到這一個極真極強的道理。人類為什麼會像集體瘋狂似的不斷破壞地球、迫害萬物，而完全不顧一切可怕的後果呢？

「所以對地球來說，你們人類就像病毒。」

「那……那地球也會產生抗體、派出殺手細胞？」

「那一定的啊，地球如果是一個想活下去的生物，就一定要想辦法消滅你們這些人類病毒。」

「可是……可是地球上的萬物都被我們人類追得走投無路了，它要用誰來殺我們？」

「天災呀！你不覺得這幾年暴風雨、地震、海嘯特別多嗎？氣候強烈變化，也許就是地球反擊人類的手段。」

「對，還有水災、乾旱……這樣一來，就會產生大饑荒，一旦食物都不夠了……」

「你們人類就會發動戰爭、自相殘殺，其實那麼多大大小小的戰爭，不都是為了搶吃的而來？」

「那戰爭之後屍橫遍野，就是瘟疫滋生的好機會，你們那些病毒，還有細菌，就可以出來大量撲殺人類……」

「喂，不管你們自己殺不殺，我們都一樣要找東西吃，可是你不覺得，你們人類增加的速度未免太快了吧？」

「對啊，」我的心情變得比病情還沉重，「人類五十年來，人口從三十億變成了快到七十億，這種增加速度……」

「這哪是哺乳類增加的速度？這根本是病毒增加的速度！難怪地球受不了、所有的動、植物也受不了！」

我又一次無話可說，想到地球若是一個生物，必定要想辦法對抗身上的病毒──也就是人類，那它派出的就是天災、饑荒、戰爭和瘟疫四位「殺手」了，這不就是聖經啟示錄裡所記載的、上帝毀滅不義之人的手段嗎？雖然我沒有宗教信仰，卻也不覺得這僅只是個巧合。

「那……那如果人類真的毀滅了？」我戰戰兢兢的問。

「那當然是萬物都開心了！除了你家的小貓小狗之外，誰不希望人類滾蛋？」它講得還真是毫不容情，我們人類真的是掠奪了太多世上萬物的資源了，「地球當然也就可以保住了。」

「原來我……我們也是病毒，更大的病毒。」我不得不沮喪的承認這一點。

「沒錯，很高興認識你，也很高興你有這個認識，」聽起來它既不像說風涼話，也不語重心長，只是平和的陳述事實而已，「我很快就要走了，但是，你一定會再遇到我們同夥的，我保證。」

四周忽然一片寂靜，靜到我甚至有了耳鳴，好像一屋子都是蟬叫的聲音，唧唧唧唧，縈繞不去……

病毒 偷偷告訴我

那麼最後的命運，到底是人類像病毒般把地球毀滅，然後自己也終歸滅亡？還是地球對人類病毒展開反撲，消滅大部分人類，使地球和世上萬物得以繼續存活呢？大家最好都想想看。

雪霸的點點滴滴

大家都説臺灣是「小國小民」，卻忽略了臺灣是「好國好民」。你到東南亞很多國家去，只要提到自己是臺灣來的，對方往往會説：「噢！我知道，上次我們遇到災禍（海嘯、地震或颱風），就有很多臺灣志工來幫忙我們。」

是的，臺灣是世界有名的「志工國家」：國家公園有志工、捷運站有志工、鐵路局有志工、圖書館有志工、醫院有志工、廟宇有志工、連警察局都有志工……更不要説許多公益和慈善團體的志工了。在臺灣每一個默默的角落裡，都有一個個「做好事不是為了自己的好處」的志工，隨時等著幫助你。

大家或許習以為常，但在很多外國朋友看來卻非常驚訝，因為在資本主義盛行、唯利是圖的風氣之下，很少人願意不計代價的為別人付出，而臺灣竟然有這麼多自願幫助別人的志工（而且絕大多數是沒有金錢酬勞的），讓他們對於這個美麗的小國家不

得不刮目相看、要按一個「讚」。

就像日本人也一直搞不懂，為什麼福島海嘯和核災，臺灣人會捐那麼那麼多錢給他們？這些人和他們有什麼關係？這些人捐錢給他們有什麼好處？

日本人不曉得的是，因為我們樂意，我們不願意看到有人身處痛苦，我們覺得能讓人家過上好日子是件好事……還有我們沒有說出來的是：我們不只為了災民，也是為了自己——這證明我們自己的日子過得不錯，也證明我們有多餘的能力奉獻出來，更證明我們可以從讓別人快樂、自己就得到快樂。

因此我有點不好意思的說：擔任一個國家公園的解說志工，就是世界上最快樂的事。因為我們必須不斷「求知」，才能吸收日新月異的各種自然生態知識；我們也當然一直在「接近大自然」，所以自然永遠會提供我們變化無窮的樂趣；而當我們帶隊解說，讓一群遊客從原本「好山好水好無聊」的心態，轉變成「哇！原來大自然這麼有趣」的反應，我們自然就得到「讓別人快樂」的快樂了。

你發現了沒？原來解說員擔任的竟然是世界上最快樂的工作。要不要來加入我們呢？不需要任何條件，時間也沒有限制（上班上學的人，可以選擇假日再來服勤），只要你有一顆熱愛大自然的心，就有可能成為世界上最快樂的人，還在猶豫什麼？趕快加入我們的行列吧！

後記／你眞的、眞的相信這一切嗎？

看完《苦苓與瓦幸的魔法森林》這本書的讀者，幾乎都會浮起一個疑問：真的有瓦幸這個人嗎？

看完這本書也一樣，但問題換成了：人可以跟其他生物交談嗎？像書中的我那樣。

對於這個問題，我們要先問的是：生物可以互相溝通嗎？不會「講話」的動物、植物，彼此要如何「交談」呢？幾隻獅子要如何商量今天的捕獵計畫？一群蜜蜂要怎樣分工合作？一大叢鳳仙花如何能同時綻放？而一群藤蔓要怎樣決定合力包圍一棵樹？

人類太過依賴語言了，依賴到幾乎忘了：人除了聽覺，還有視覺、嗅覺、觸覺，以及心靈的感應。

我們難道不明白：所有不會講話的生物，一定都可以彼此交流，否則不可能單獨在這個世界存活下來。

二〇一一年暑假，在武陵導覽觀魚步道的幾棵臭椿上難得出現了藍翅蠟蟬，我每次都忍不住抓一隻給遊客看。它們當然都很害怕，拚命掙扎要飛走，甚至嚇到尿在我手指上。我不敢太用力怕傷了它們，每次都在難以取捨間，眼睜睜看它們閃著藍色的光彩展翅而去。

後來我每次抓蠟蟬，都輕聲的跟它說：「別怕，我不會傷害你的，你很美啊，借我們看一下就放你走了，好不好？」遊客聽了也許都在心裡偷笑吧，但說也奇怪，居然它們就不亂動、不掙扎了，乖乖等大家欣賞完它青、黑、白三色的奇妙外觀，甚至有時我鬆手了也不急著飛走，還抬頭挺胸的讓遊客們用力拍照……

有個小朋友說：「它好像聽得懂你的話耶！」

還有一次去斯里蘭卡，公園裡有很多沒看到主人的狗，同行的夥伴們起初有點害怕，於是我就蹲下來伸手叫喚它們，每一隻，真的每一隻哦，都被我叫來身邊，躺下，慵懶的讓我撫摸著，叨叨絮絮的對它們說：「你好乖啊，你在這裡好嗎？你一個人（SORRY，我應該說一隻狗的）寂不寂寞啊？」真的，無一例外的，跟每一隻我原本不認識的，異國的狗狗們。

有一個同行的女生說，她懷疑我是巫師，會魔法。

其實我什麼法也沒有，但早就有人說過了：「只要愛得夠深，萬物都會與你談心。」或許蠟蟬和狗狗未必聽得懂我的話，但它們一定感受到我的善意。

在立著「毒蛇毒蜂出沒」牌子的森林裡，我很確定每次遇到的蛇和蜂都不想傷害我，而我也從來沒有受過它們的傷害。

我真心相信：這本書所有的動物、植物甚至病毒，如果它們有機會和我溝通，它們一定會這麼講的，我也一定會這麼問，我們就會像書上寫的那樣「交談」。而你又怎麼知道我們不能呢？所有飼養過動物的人，都知道動物聽得懂他們的話，他們也當然知道動物的心聲；說不定植物也是。

認識、了解、關心、愛護這些生物的人，就會更相信人類和它們是可以互相溝通的。而如果你還未具備這些「超能力」，就請你在讀完這本書之後，開始試試看吧！

打開心門，傾聽萬物的聲音，大聲說出你的愛，相信我，你的世界會更豐富、更有趣，而且無限寬廣。

苦苓的森林祕語 增訂新版／文．苦苓、圖．王姿莉、攝影．黃一峰．– 二版．– 臺北市：時報文化，2019.7；面；14.8×21 公分．--（苦苓作品集：010）
ISBN 978-957-13-7832-9（平裝）

1. 科學 2. 通俗作品

307.9 108008445

ISBN 978-957-13-7832-9
Printed in Taiwan.

苦苓作品集 010

苦苓的森林祕語 增訂新版

作者 苦苓｜繪圖 王姿莉｜攝影 黃一峰｜主編 陳信宏｜編輯 尹蘊雯｜執行企畫 曾俊凱｜美術設計 FE 設計｜董事長 趙政岷｜出版者 時報文化出版企業股份有限公司 108019 台北市和平西路三段 240 號 3 樓 發行專線—(02)2306-6842 讀者服務專線—0800-231-705．(02)2304-7103 讀者服務傳真—(02)2304-6858 郵撥—19344724 時報文化出版公司 信箱—10899 臺北華江橋郵局第 99 信箱 時報悅讀網—www.readingtimes.com.tw 電子郵件信箱—newlife@readingtimes.com.tw 時報出版愛讀者—www.facebook.com/readingtimes.2｜法律顧問 理律法律事務所 陳長文律師、李念祖律師｜印刷 富盛印刷有限公司｜二版一刷 2019 年 7 月 19 日｜二版三刷 2022 年 1 月 24 日｜定價 新台幣 420 元｜（缺頁或破損的書，請寄回更換）

時報文化出版公司成立於 1975 年，1999 年股票上櫃公開發行，2008 年脫離中時集團非屬旺中，以「尊重智慧與創意的文化事業」為信念。